Unreal Engine 4 蓝图可视化编程

[美] Brenden Sewell 著

陈东林 译

人 民 邮 电 出 版 社

北 京

图书在版编目（C I P）数据

Unreal Engine 4蓝图可视化编程 / (美) 西威尔
(Brenden Sewell) 著 ; 陈东林译. -- 北京 : 人民邮电
出版社, 2017.6（2024.7重印）
ISBN 978-7-115-45304-4

Ⅰ. ①U… Ⅱ. ①西… ②陈… Ⅲ. ①游戏程序－程序
设计 Ⅳ. ①TP311.5

中国版本图书馆CIP数据核字(2017)第095576号

版权声明

◆ 著　　[美] Brenden Sewell
译　　陈东林
责任编辑　胡俊英
责任印制　焦志炜

◆ 人民邮电出版社出版发行　　北京市丰台区成寿寺路 11 号
邮编　100164　　电子邮件　315@ptpress.com.cn
网址　http://www.ptpress.com.cn
北京天宇星印刷厂印刷

◆ 开本：800×1000　1/16
印张：12.25　　2017 年 6 月第 1 版
字数：223 千字　　2024 年 7 月北京第 33 次印刷

著作权合同登记号　图字：01-2016-3961 号

定价：49.00 元

读者服务热线：(010)81055410　印装质量热线：(010)81055316
反盗版热线：(010)81055315
广告经营许可证：京东市监广登字 20170147 号

内容提要

Unreal 游戏引擎的蓝图是一个强大的系统，它可以帮助用户构建出功能齐全的游戏。本书以一个射击游戏为背景，从基本的游戏力学原理、用户界面等内容讲解了游戏开发的全过程。

本书分为 8 章，分别介绍了使用蓝图进行对象交互、升级玩家的技能、创建屏幕 UI 元素、创建约束和游戏性对象、使用 AI 制作移动的敌人、升级 AI 敌人、跟踪游戏状态完成游戏体验、打包与发行等内容。

本书由经验丰富的技术达人撰写，非常适合游戏专业人士、计算机专业的学生以及想要从事游戏设计相关工作的读者阅读。

推荐语

本书深入浅出地引领开发者进入到3D游戏乃至VR领域开发的浩瀚知识海洋中。作者仅用了一个看似简单的射击游戏案例，将虚幻蓝图脚本编程的复杂逻辑如画卷般地向读者徐徐展开。本书称得上是一本难得的通俗易懂的虚幻引擎4（UE4）编程参考读物。

——郭奕，北京唯幻科技CTO，苏黎世大学计算机博士

译者序

本书译者陈东林，于 2013 年毕业于江西师范大学通信系，曾先后任职中国联通主干网络维护工程师、游戏蛮牛技术编辑。现为北京服装学院研究生，研究方向为虚拟现实。同时担任 UE4 软件工程师一职，致力于使用虚幻引擎 4 完成 VR 中的交互，并研究 VR 中的渲染优化问题。

书中连接蓝图的步骤比较详细，**读者对蓝图比较熟悉后可以根据截图进行连接**，从而节省阅读时间。本书的工程文件可在人民邮电出版社网站下载，下载地址是：http://www.epubit.com.cn/book/details/4605。

本译文仅供大家参考，由于引擎版本的不同（译者使用的是 4.12.5 版本），或者每个人操作顺序或操作习惯的不同，会遇到不同的问题，希望大家能够一步步调试，得到想要的结果。在调试的过程中，你会学习到更多内容。

关于第 8 章，由于译者使用的是 Windows 平台，与原作者使用的 Mac 平台不同，因此截图为 Windows 平台。操作基本上类似，可供读者参考。

感谢我的导师刘昊副教授对我的指导，感谢郭仲倩女士对本书翻译提供的建议，感谢人民邮电出版社胡俊英编辑给我翻译本书的机会，感谢张伯爵、崔洪志

（Alex_Tsui）、尹硕朋、王旭对本书部分内容的审校做出的贡献。特别感谢苏黎世大学博士郭奕先生为本书撰写推荐语。

——陈东林，2017 年 3 月

作者简介

Brenden Sewell 是 E-Line Media 的游戏主策划。在过去 5 年里，他设计并制作了许多既有趣又有教育意义再或社会影响力的游戏。自 2002 年以来，他一直在创作游戏，其中“Neverwinter Nights”项目在游戏设计表现力上给了他宝贵的经验。2010 年，他获得了印第安纳大学认知科学学位。从那时起，他一直专注于增强自己的游戏设计能力，同时为大家分享设计与开发的经验，让更多的人享受游戏行业的欢乐。

我想感谢以下这些人对本书出版过程的贡献。感谢 Steve Swink（@steves-wink）、Jake Martin、Demetrius Comes 和 Graeme Bayless 在设计原则方面给予我的精确指导。感谢 Logan Barnett（@logan_barnett）和 David Koontz（@dkoontz）帮助我对脚本开发有了更加广泛的理解。感谢 Packt 出版社的所有成员及我的技术审稿人员，是你们帮助本书能顺利出版。感谢 Unreal 开发社区提供的支持和丰富的信息，让我们能够更好地掌握这门技术。最后，还要感谢我的女朋友 Michelle、我的父母及我所有的朋友们。

——Brenden Sewell

审稿人简介

Faris Ansari 是来自巴基斯坦的 IT 专业人员，他熟悉和感兴趣的领域有 Unity 3D、虚幻引擎、Cocos2d、Allegro、OpenGL 及其他游戏开发环境。他以一个独立游戏开发者的身份开始了他的职业生涯，并通过开发一些成功的游戏，得到了不菲的收入。他拥有良好的开发技术，喜欢承担新挑战的同时研发新技术（特别是开源技术）。

Faris 已经审阅的书有 *Learning NGUI for Unity*。

他的爱好包括玩游戏、学习新知识和看电影。他非常喜欢与同事、朋友们一起讨论创新的想法。他的口头禅是：“每个专家都曾经是一个初学者。”

你可以随时通过领英与他联系并讨论创新的想法。

感谢我的朋友们和我的家人，感谢你们对我无限的支持和帮助。

——Faris Ansari

Scott Hafner 是一位专业的游戏策划，在游戏行业拥有超过 10 年的经验。在他的职业生涯中，他曾任职游戏制作人、游戏策划和关卡设计师，创作了很多游戏，包括 MMO、FPS、RPG 等。

感谢未婚妻对我无限的支持和鼓励。

——Scott Hafner

MarcinKamiński 是 CTAdventure 的高级程序员，拥有自己的公司——Digital Hussars。此前，他曾在 Artifex Mundi、CI 游戏和 Vivid Games 工作。他擅长的领域是人工智能和网络编程。在过去的 14 年中，他已经协助开发了许多 PC、游戏机和手机游戏。

Marcin 同时也是 *Unity iOS Essentials* 和 *Unity 2D Game Development Cookbook* 的审稿人。

Alankar Pradhan 来自印度孟买。他是一个雄心勃勃的人，喜欢与新人交流、热爱跳舞、跆拳道、旅行，在闲暇时光喜欢与朋友一起玩耍，也喜欢在 PC 和手机上玩游戏。游戏一直是他生活的激情所在。他不只是喜欢玩游戏，还对游戏的工作原理充满好奇心。因此，他决定选择游戏行业。Alankar 获得了英国谢菲尔德哈勒姆大学软件开发专业理学学士学位。Alankar 在印度华特迪士尼担任游戏编程实习生，在实习期间，他参与了一个名为“Hitout Heroes”的现场编程项目。他还是 DSK Green Ice Games 的一名游戏程序员，作为视频游戏程序员开发一个针对 PC 和游戏机的游戏。*Death God University*（D.G.U）这个游戏于 2015 年 7 月 1 日发布。他正在研究的另一个项目是 *The Forsaken Mountains*。

Alankar 曾在团队中参与过许多小型项目，也曾在 C#、C++、Java、Unreal 脚本（虚幻引擎 4 之前的 Unreal Script）、Python、Lua、Groovy/Grails、HTML5 / CSS 等各种语言方面提升自己的技能。他熟悉的引擎有：Unity3D、虚幻开发工具包、Visual Studio 以及 SDK（如 NetBeans、Eclipse 和 Wintermute）。2013 年，他的著作 *Comparison between Python and Lua in Gaming Industry* 得以出版。此前他曾是 Packt 出版社的一名技术审稿人，审阅了 *Creating E-Learning Games With Unity* 和 *Learning Unreal Engine iOS Game Development* 两本书。

除此之外，Alankar 喜欢阅读、听音乐、写诗和短篇故事。他有自己的网站，还出版了 *The Art Of Lost Words* 一书，可在 Amazon.com 上找到。

他的电子邮件地址是 alankar.pradhan@gmail.com。你可以访问他的作品网站 alankarpradhan.wix.com/my-portfolio 或在 Facebook 上联系他。

我们总是忙着赶路而忘记了欣赏沿途的风景，尤其是忽视了那些我们在路上遇到的人们。欣赏是一种美妙的感觉，如果我们不忽略它的话，那将是一种非常好的享受。我想在此感谢那些曾指导和鼓励我的人们。

我想向我的父母表示真挚的感谢，感谢他们对我的谆谆教诲和无限信任。感谢我的朋友们，是你们一直支持和鼓励着我，并帮助我达到了现在的水准。

最后，我还要感谢所有直接或间接为本书的出版做出贡献的人们。

——Alankar Pradhan

Matt Sutherlin 过去 10 年一直在游戏行业工作，他从一名质检员（Quqlity Assurance，QA）和码农成长为一名引擎程序员与技术专家。最近，他一直非常专注于图形学技术，致力于 AAA 级别游戏（如《风暴英雄》和《光环 5：守护者》）的引擎渲染器、渲染管线和着色器的研究。

感谢我的妻子（Megan）和我的父母（Mike 和 Mary Lynn）多年来的支持、耐心和理解。我成长的每一步都离不开你们的支持。我还要感谢 Alan Wolfe 在编程技巧和算法设计方面给予我的指导，我真的非常有幸结识了这样一位优秀的朋友。

——Matt Sutherlin

前言

游戏引擎（例如虚幻引擎 4）作为强大的商业游戏的制作工具，越来越受传统游戏工作室以外的新老游戏开发者所欢迎。虚幻引擎为过去 10 年中发布的许多最受欢迎的控制台和 PC 游戏提供了动力，最新版本的虚幻引擎尽可能地包含了开发者所需的工具。这些工具中最具变革性的是蓝图可视化编程系统，其允许非专业程序人员创建和实现游戏机制、用户界面（User Interface，UI）和交互。

本书采用分步方法，指导读者使用可视化的蓝图节点构成蓝图行为，并将它们链接在一起以创建游戏机制、UI 等。在这个过程中，读者将学习所有使用蓝图在虚幻引擎 4 中开发游戏的必要技能。

我们从基础的第一人称射击模板开始，每个章节将扩展原型，以创建一个越来越复杂和稳定的游戏体验。从创造基本的射击机制逐渐过渡到更复杂的系统，将生成用户界面和智能敌人行为。学完这本书时，你将完成一个功能齐全的第一人称射击游戏，在游戏开发过程中学会一些必要的技能。

本书包含的内容

第 1 章，使用蓝图进行对象交互，首先介绍如何将新对象导入到关卡中，以构建游戏世界。然后修改对象的材质，通过材质编辑器进行设置，在运行时通过蓝图改变对象的材质。

第 2 章，升级玩家的功能，教你如何使用蓝图在游戏过程中生成新对象，并将蓝图中的动作链接到玩家控制输入。你还将学习创建蓝图，允许对象对发射的子弹做出碰撞反应。

第 3 章，创建屏幕 UI 元素，设置图形用户界面（Graphical User Interface，GUI），跟踪玩家的血量、体力、弹药数量和游戏目标的数值。在这里，读者将学习如何使用虚幻引擎的 GUI 编辑器设置基本用户界面，以及如何使用蓝图将界面链接到游戏中的数值。

第 4 章，创建约束和游戏性对象，内容包括如何限制玩家的能力，定义游戏关卡的游戏目标，并通过与上一章中创建的 GUI 元素交互的蓝图跟踪这些目标。我们通过设置可收集的弹药包，填充玩家的弹药，并且利用关卡蓝图来定义游戏的胜利条件。

第 5 章，使用 AI 制作移动的敌人。这是关键的一章，涵盖了如何创建一个敌人的 AI，敌人将在关卡中追逐玩家。我们通过在关卡中设置一个导航网格，并使用蓝图让敌人在巡逻点之间徘徊。

第 6 章，升级 AI 敌人，通过修改敌人的 AI，赋予敌人一定的判断能力，以创建一个有趣的游戏体验。在本章中，我们使用视觉和听觉检测来设置敌人的巡逻、搜索和攻击状态。此外，我们还介绍了游戏过程中逐渐生成新的敌人的方法。

第 7 章，跟踪游戏状态和完成游戏体验，在确定游戏的最终发布版本之前，我们添加了一些关键的游戏体验。在这一章中，我们创建了使游戏难度逐渐加大的机制，增加了保存游戏的功能，使玩家能够保存他们的游戏进度并回到该进度继续玩耍。本章还添加了玩家死亡机制，使游戏挑战更有意义。

第 8 章，打包与发行，介绍如何优化图形设置，以获得最佳的游戏性能和视觉效果。然后讲解如何创建一个共享的游戏，并分享一些建议，促使读者超越本书的限制，成为一个成熟的游戏开发者！

目录

第 1 章
使用蓝图进行对象交互

当开始开发一个游戏时，你想到的第一步应该是建立一个原型。幸运的是，**虚幻引擎 4** 和**蓝图**让基本的游戏功能实现起来比以往任何时候都更容易。这样用户便可以很快地开始测试自己的想法。为了让大家熟悉**虚幻编辑器**（Unreal Editor）和**蓝图**（Blueprint），我们将使用一些自带的资源和蓝图建立游戏玩法机制。

本章我们将学习以下内容。

- 创建新的项目和关卡。
- 在关卡中置入对象。
- 通过蓝图改变对象的材质。
- 使用蓝图编辑器链接所有的蓝图。
- 编译、保存并试玩游戏。
- 使用蓝图移动游戏世界中的对象。

1.1 创建项目和关卡

在开始创造游戏元素之前，我们需要创建一个项目，这个项目将包含游戏的内容。为了获取虚幻引擎 4（Unreal Engine 4，以下简称 UE4），并开始设定我们的项目，需要打开 **Epic Games launcher**，通过它便可以从 UE4 官网下载 UE4 引擎。单击 **Epic Games launcher** 的 **UE4** 标签。如果你是第一次在你的计算机中使用虚幻引擎，你将会看到灰色的**未安装**（**Not Installed**）按钮。在 **Launcher** 的左侧，会看到一些选项。

工作标签可以让你选择已经安装的引擎版本及已经创建好的项目。现在请单击**工作**标签，找到黄色的**安装**按钮并单击，如图 1.1 所示。

图 1.1　安装引擎

当引擎已经完成安装时，**安装**按钮将会变成**启动**按钮，如图 1.2 所示。单击任意一个**启动**按钮即可启动引擎。

图 1.2　启动引擎

1.1.1 为新建的项目设置模板

单击**启动**按钮后，**虚幻项目浏览器**（Unreal Project Browser）就会呈现在你眼前。默认显示的是**项目**标签，它呈现的是已创建的所有工程的缩略图，同时也展示示例工程模板。我们的目的是要新建项目，因此单击**新建项目**标签。[①]

从**新建项目**标签下，你可以选择一个模板，这个模板将为游戏项目提供初始的资源；或者用户也可以选择**空白**（不使用模板）开始你的项目。在**新建项目**标签下，用户会发现有两个子标签：**蓝图**和 **C++**。蓝图标签用自身提供的模板创建项目，且该项目自带的蓝图具有一些基本的行为。通过 C++ 标签下的模板创建项目，其核心的一些行为都是通过 C++ 语言编写的。因为我们想快速启动和运行第一人称射击游戏的原型，而不是从头开始创建基本的控制功能，所以我们要确保已经选择了**蓝图**标签，然后选择 **First Person** 模板，如图 1.3 所示。

图 1.3 选择 FirstPerson 蓝图模板

1.1.2 理解项目设置

下一步是根据我们的偏好调整项目设置。在模板选择器下有 3 个灰色的选项，

① 译者注：目前通过 Epic Games launcher 启动 Unreal 编辑器速度有些慢，建议读者找到安装目录，比如"C:\Program Files (x86)\Epic Games\4.11\Engine\Binaries\Win64"，将 UE4Editor.exe 发送快捷方式到桌面。

允许我们选择目标平台（桌面/游戏机、移动设备/平板电脑）、图像级别（最高质量、可缩放的3D或2D）、是否具有初学者内容。这里我们保持默认设置（**桌面/游戏机，最高质量，具有初学者内容**）。在这3个灰色选项的下面，用户将看到文件存储路径，可以根据自己的偏好将项目存储到硬盘相应路径下，项目名输入框内则需要你输入项目的名称。在这里将项目命名为**`BlueprintScripting`**，并将项目保存到操作系统虚幻项目的默认文件夹，如图1.4所示。

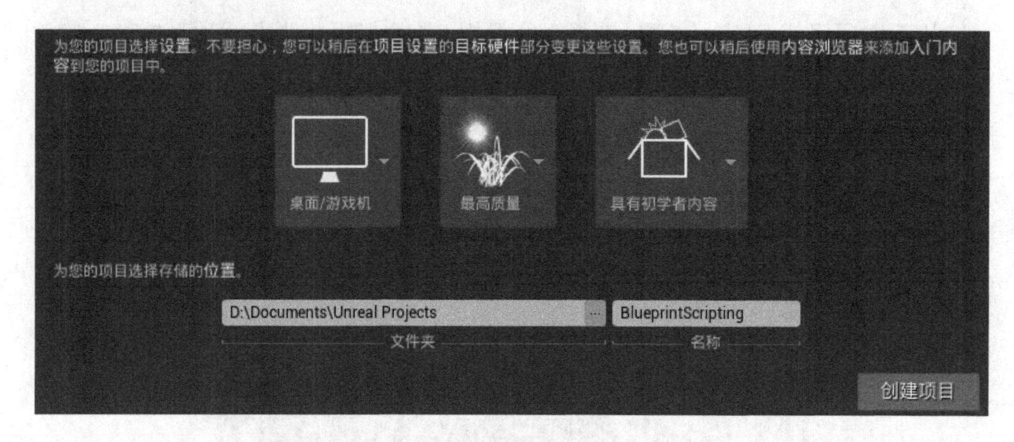

图1.4 设置项目路径

1.1.3 创建项目

既然我们已经选择了模板，并且将项目按自己的偏好设置好了，那么我们就可以单击绿色的**创建项目**按钮创建项目。当引擎初始化资源和设置项目进程完毕后，**虚幻编辑器**便会打开**关卡编辑器**，在关卡编辑器中，你可以创建并预览关卡，放置和修改对象，如果你修改了项目，还可以及时测试。

按下工具栏顶部的**播放**按钮，如图1.5所示，用户将可以试玩第一人称模板内置的游戏。这个游戏包括了角色移动、发射子弹、使用子弹给立方体对象施加力。在游戏模式中，**播放**按钮将会变成暂停按钮和停止按钮。用户可以单击暂停按钮暂停游戏，当用户在运行游戏的时候，如果希望知道一个交互或者actor属性，暂停游戏将会很有用。单击**停止**按钮将会停止运行游戏并返回编辑模式。在继续创作之前，先试玩一下游戏吧。

图 1.5 工具栏

1.2 为关卡添加对象

现在我们希望添加自定义对象到关卡中。在**关卡编辑器**的中心面板是**3D 视口**，视口为我们呈现游戏的 3D 内容。这时，熟悉在 **3D 视口**中的移动很重要。可以通过使用鼠标按键和拖动鼠标向周围移动控制摄像机来改变视角。在视口中按住鼠标左键并拖动光标将可以操控摄像机向前后左右移动，按住鼠标右键拖动光标将会旋转相机的视角。最后，按住鼠标中键并拖动光标将可以调整相机的位置（上下左右）。[①]

UE4 中最简单的对象称为 **actor**。它可以被拖曳到游戏世界中。**actor** 是最基本的对象，除了能够旋转、移动、缩放之外，没有继承其他的行为，但是可以通过添加组件来获取更多的复杂的行为。我们的想法是创建一个简单的目标 **actor**，当使用枪发射子弹击中它时能够改变自身颜色。我们可以在**模式**（**Modes**）面板创建一个简单的 **actor**，选中**模式**（Place）标签，单击**基本**（Basic）然后拖曳 **Cylinder** 到 **3D 视口**当中。这个操作将创建一个新的圆柱体（cylinder）**actor** 并置入到关卡中，你将在 **3D 视口**和**世界大纲视图**中看到它，单击鼠标**右键>>编辑>>Rename** 将默认的名称 Cylinder 重命名为 **`CylinderTarget`**，如图 1.6 所示。[②]

① 译者注：Viewport（视口）是虚幻编辑器的一个显示窗口，可以显示前视口、侧视口、顶视口和透视口。关于 Virewports（视口）的更多信息，请参照 Trash.虚幻编辑器用户指南文档。

② 译者注：Actor 是一个可以放置在世界中或者在世界中产生的对象。这包括类似于 Players（玩家）、Weapons（武器）、StaticMeshes（静态网格物体）等。

图 1.6 将新建圆柱体重命名为 CylinderTarget

1.3 材质

之前我们设定的目标是：当圆柱体被射弹击中后，能够改变自身的颜色。因此，我们需要改变圆柱体 **actor** 的材质。**材质**是一种资源，能被添加到 **actor** 的网格当中（网格定义了 **actor** 的物理形状）。可以认为材质就像油漆一样作用于 **actor** 的网格或外形之上。因为 **actor** 的材质决定了它的颜色，所以改变 **actor** 颜色的方法之一就是将原先的材质替换为另一种颜色的材质。因此，我们首要任务是创建材质，这个材质将使 **actor** 呈现红色。

1.3.1 创建材质

在内容浏览器里找到 **FirstPersonBP** 文件夹，创建子文件夹并命名为 **`Materials`**，进入 Materials 目录，在空白处单击鼠标右键，在弹出的菜单表中选择创建**高级资源>>材质&贴图>>材质**，将新建的材质命名为 **`TargetRed`**。

1.3.2 材质属性与蓝图节点

双击 **TargetRed** 材质，打开编辑标签，如图 1.7 所示。

上图所示为材质编辑器，其与蓝图拥有同样的特性。这个屏幕的中心称为**网格**

(grid)。我们可以将所有的定义蓝图多级的对象放置到网格上，该网格的标签名为**material**，术语称为**节点**。在之前的截图中，有一系列的输入引脚，这样其他的材质节点可以添加到上面，也因此可以定义它的属性。

图 1.7　TargetRed 材质

为了将颜色赋给材质，我们需要创建一个节点。该节点将为节点中**基础颜色**（**Base Color**）输入给出颜色的信息。在节点附近的空区域单击鼠标右键，将出现一个菜单，它包含搜索框和一个可扩展的选择列表。这个展示了所有的我们可用添加到这个材质蓝图的可用蓝图节点选项。搜索框对文本很敏感，我们键入搜索对象的前几个字符就能看到一系列的搜索结果，在这里我们搜索的是**VectorParameter**，如图 1.8 所示。

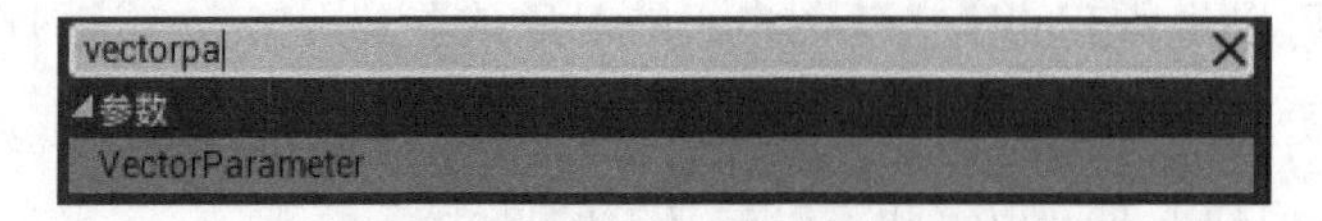

图 1.8 搜索 VectorParameter

材质编辑器（**Material Editor**）中的 **VectorParameter** 用于定义颜色，我们可以将它添加到材质编辑器的**基础颜色**输入节点。首先需要给 VectorParameter 节点选择一个颜色，双击 **Color** 节点的黑色区域，打开**颜色选择器**（**Color Picker**）。当目标被选择时，我们希望它显示亮红色，在色盘中手动选择颜色，如图 1.9 所示，选择完毕后单击**好**按钮，稍后你将发现原来 **VectorParameter** 节点的中间黑色的部分已经变成了红色。

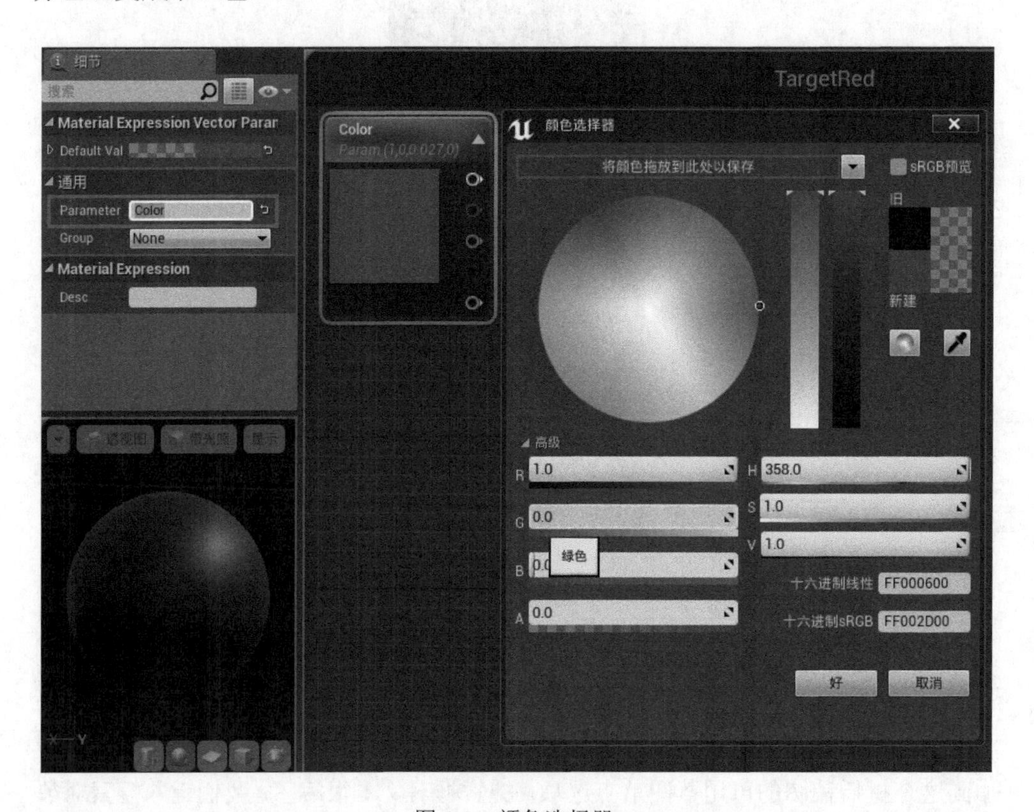

图 1.9 颜色选择器

为了帮助我们记忆在材质中 VectorParameter 会哪些参数或属性，我们需要将

Vector Parameter 重命名为 **Color**。当选中节点时，该节点会被金色的边框包围，查看**细节面板**（**Details**）里的内容，在**通用>>Parameter** 处键入"**Color**"。这时 VectorParameter 节点名称自动地由 **None** 改为 **Color**。

最后一步，连接 **Color VectorParameter** 节点与**基础颜色**节点。在蓝图中，可以通过单击和拖曳输出引脚至输入引脚将节点连接起来。输入引脚在节点的左侧，输出引脚在节点右侧。连接两个节点的细线称之为**引线**（**Wire**）。从 **Color** 输出引脚拖出一根引线至材质节点的**基础颜色**输入引脚，如图 1.10 所示。

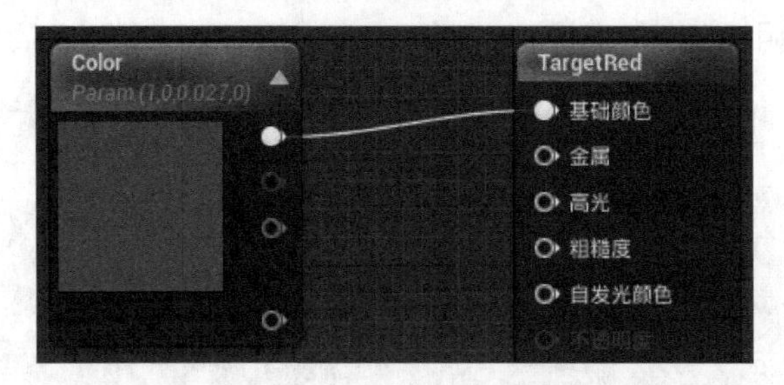

图 1.10 连接 Color 节点与 TargetRed 节点

1.3.3 为材质添加属性

我们可以通过材质节点的其他输入引脚，给材质添加一些光泽。如果使用单一颜色、平整的材质，3D 物体看起来就会很不真实，可以在**金属**（**Metallic**）和**粗糙度**（**Roughness**）引脚设置值来改善这一情况。在空的网格区域单击鼠标右键，在搜索框中键入"scalar"，找到 **ScalarParameter** 节点，如图 1.11 所示。

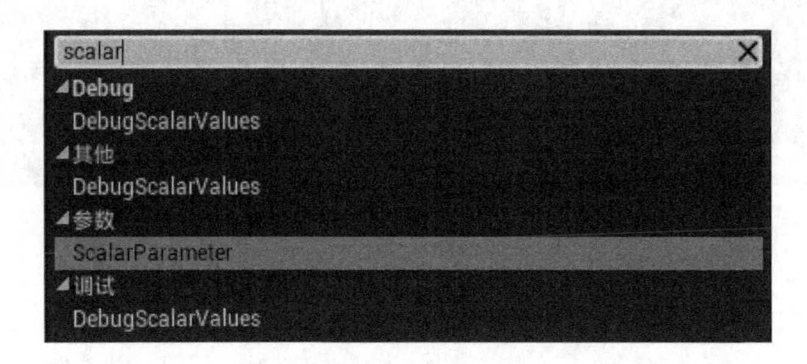

图 1.11 搜索 ScalarParameter 节点

找到 ScarlarParameter 并选择，转到**细节面板**（**Details**），由于任何叠加性的影响对材质都很微妙，设置 **Default Value** 为 0.1。将节点重命名为 **Metallic**。最后，拖出引线连接 **Metallic** 的输出引脚和材质的**金属**输入引脚。

还需要连接**粗糙度**参数，在刚才创建的 **Metallic** 节点上单击鼠标右键，选择 **Duplicate**。这个操作将生成 **Metallic** 节点的复制，唯一不同的时它没有引线与材质连接。选中这个复制节点，然后在细节面板中重命名为 **Roughness**。保持 **Roughness** 节点中的 **Default Value** 值为 0.1 不变，拖出引线连接 **Roughness** 的输出引脚和材质的**粗糙度**输入引脚。如图 1.12 所示。

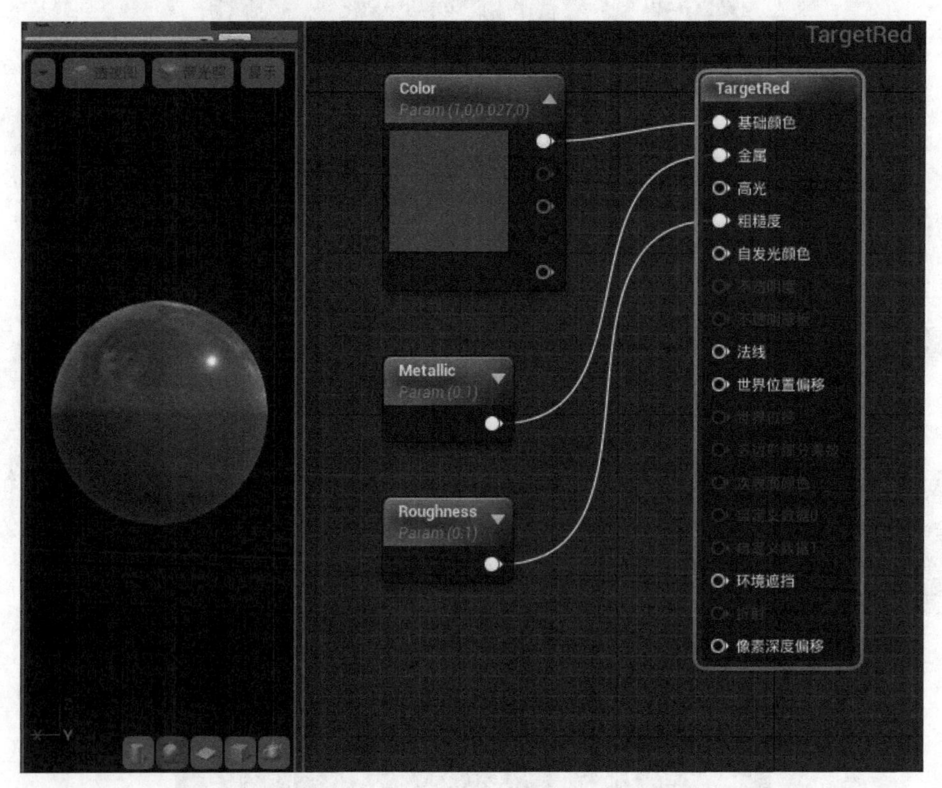

图 1.12 连接金属和粗糙度后的材质

至此，我们已经创建了一个亮红色的材质，当目标被选择时就会用它来突出显示。单击编辑器左上角的“保存”按钮保存资源，然后关闭材质编辑器返回关卡。

1.4 创建第一个蓝图

现在游戏世界中放置了一个圆柱体，在当圆柱体被击中时，我们需要为圆柱体赋上前一节创建的材质。最后一个交互是游戏逻辑判断圆柱体被选择，然后将圆柱体的材质改变为红色材质。为了创建这一行为并添加到圆柱体上，我们需要创建一个蓝图。创建蓝图的方式有很多种，但是为了简便，我们可以创建蓝图并直接添加给圆柱体。为此，确保在场景中选中了 CylinderTarget 对象。单击**细节面板**顶端的蓝色**蓝图/添加脚本**（**Blueprint/Add Script**）按钮，将可看到路径选择窗口。

在这个项目中，我们把所有的蓝图存放在 **FirstPersonBP** 文件夹的子文件夹 **Blueprints** 下，因为这个蓝图是为 **CylinderTarget actor** 创建的，所以文件名为默认的 **Cylinder- Target_Blueprint** 即可，如图 1.13 所示。

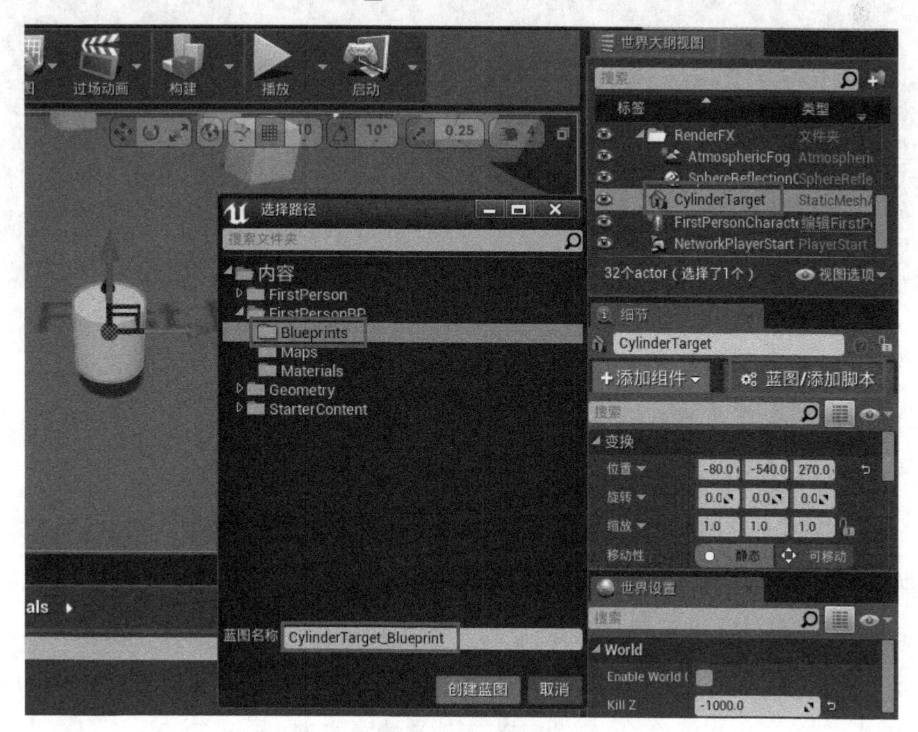

图 1.13　创建蓝图

现在**内容浏览器**（**content browser**）的 **FirstPersonBP >> Blueprints** 文件夹中可以看到 **CylinderTarget_Blueprint**。双击打开该蓝图的蓝图编辑器，我们将看到圆柱体的视口视图，如图 1.14 所示。我们可以操作 actor 的一些默认属性或者增加更多的组件，它们都包括很多自有逻辑使得 actor 更加复杂。我们将在后续章节中探讨组件（components），现在，我们需要创建一个简单的蓝图并直接赋给 actor。为此，单击视口标签旁边的**事件图表**（**Event Graph**）标签。

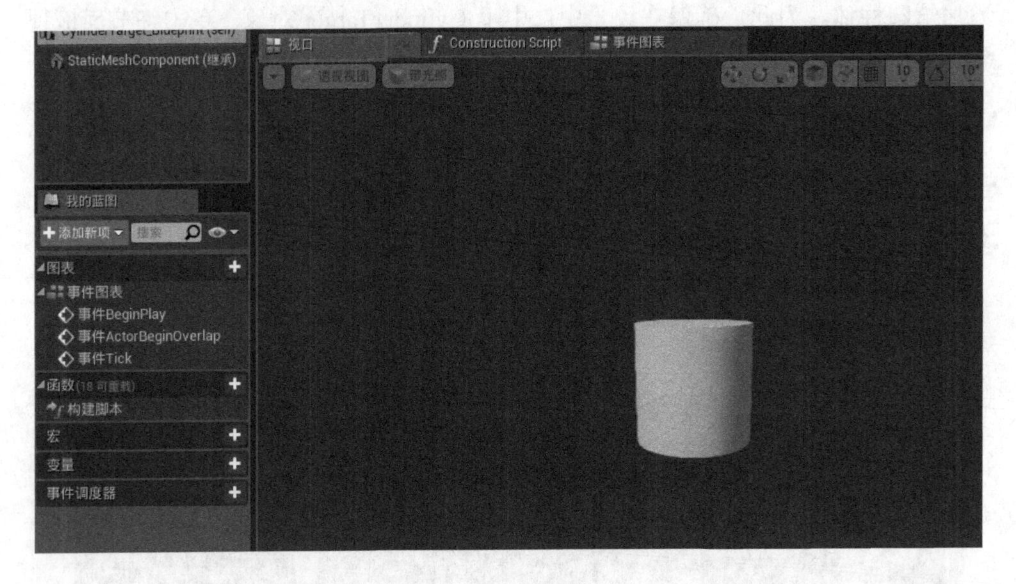

图 1.14 视口视图

1.4.1 浏览事件图表面板

事件图表（见图 1.15）看起来应该很熟悉，因为它与我们之前使用的材质编辑器的视觉效果和功能上由很多相似之处。默认情况下，打开事件图表时会有 3 个未连接也未使用的事件节点。**事件**（**Event**）指游戏中的一些**动作**（**action**），它作为蓝图做某件事情的触发器。大多数蓝图遵循如下结构：事件（when）|条件（if）动作（do）。这个可以被文字描述为：当某件事情发生时，检查 X、Y、Z 是否为真，

如果为真，完成这一系列的动作。举个例子，蓝图定义了我是否开枪，流程如下：当（when）扣动扳机，如果（if）子弹已上膛，进行（do）射击。

在事件图表中，列出的 3 个默认事件节点是用的最多的事件触发器。当玩家（Player）第一次开始玩游戏时触发**事件 Begin Play**。当另一个 actor 开始与蓝图控制的现有 actor 发生触碰或重叠时触发**事件 Actor Begin Overlap**。**事件 Tick** 在游戏运行的每一帧触发与之关联的动作，帧率决定于电脑的配置，也影响着**事件 Tick** 触发动作的频率。

我们希望每次射弹击中圆柱体时，都能触发“改变材质”这一动作。可以使用**事件 Actor Begin Overlap** 节点来探测射弹对象与目标的网格是否重叠。我们将通过仅当另一个 actor 触发目标 actor 时检测来简化这些。以一个简洁的页面开始吧，选中所有的默认事件，单击键盘的[delete]键把它们都删除。

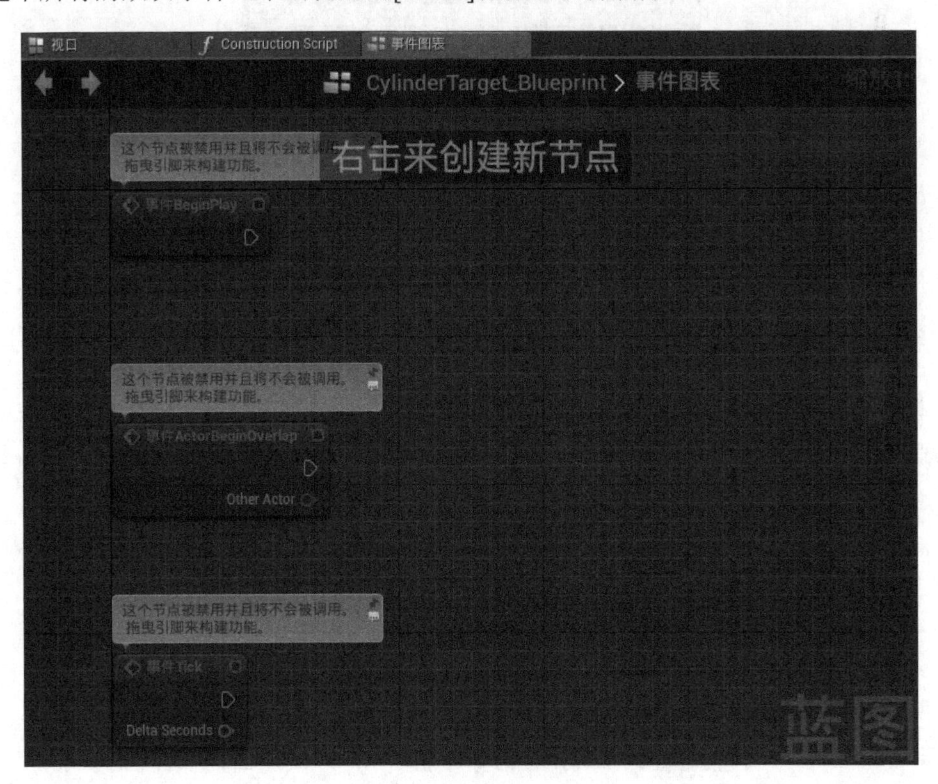

图 1.15 默认的事件图表

1.4.2 检测事件 Hit

为了创建检测事件，在图表空白区域单击鼠标右键，搜索框中输入“hit”，如图 1.16 所示。找到**事件 Hit**（**Event Hit**）节点并选择，当这个蓝图控制的 **actor** 被另一个 **actor** 触发的**事件 Hit**。

当在**事件图表**中添加了**事件 Hit** 节点后，会看到**事件 Hit** 节点上有许多颜色各异的输出引脚。首先注意到节点右上角的白色类似三角形的引脚，这是**执行引脚**（**execution pin**）。它定义了动作序列中下一步要执行的动作。将不同节点的**执行引脚**连接在一起便组成了所有蓝图的基本功能。既然拥有了触发器，那我们就需要找到一个动作，这个动作可以让我们能够改变 **actor** 的**材质**。

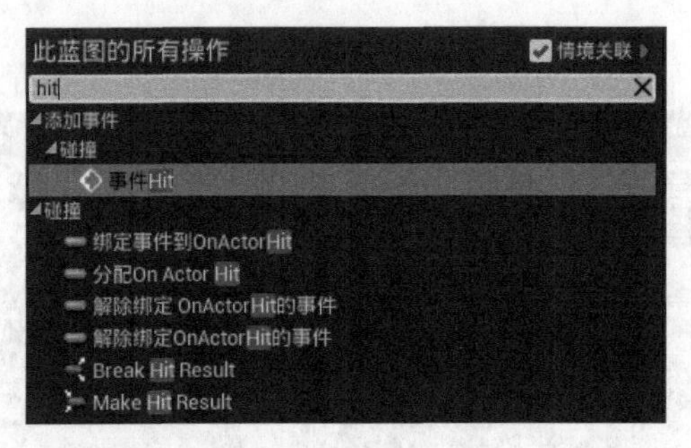

图 1.16 搜索事件 hit

从**执行引脚**拖出一根引线至节点右端的空白区域，将自动出现一个搜索窗口，允许我们创建一个节点并将它与**执行引脚**相连。确认搜索框内勾选了**情境关联**（**Context Sensitive**）。这样将搜索结果限制在能够被添加的节点中。在搜索框内键入“set material”，选取 **Set Material（StaticMeshComponent）**节点。

小贴士

如果在勾选了情境关联的情况下搜索不到想查找的节点，可尝试去勾选重新搜索。即使这个节点在情境关联搜索时查找不到，它仍有可能可以添加到蓝图逻辑当中。

事件 Hit 节点中的动作（action）如图 1.17 所示。

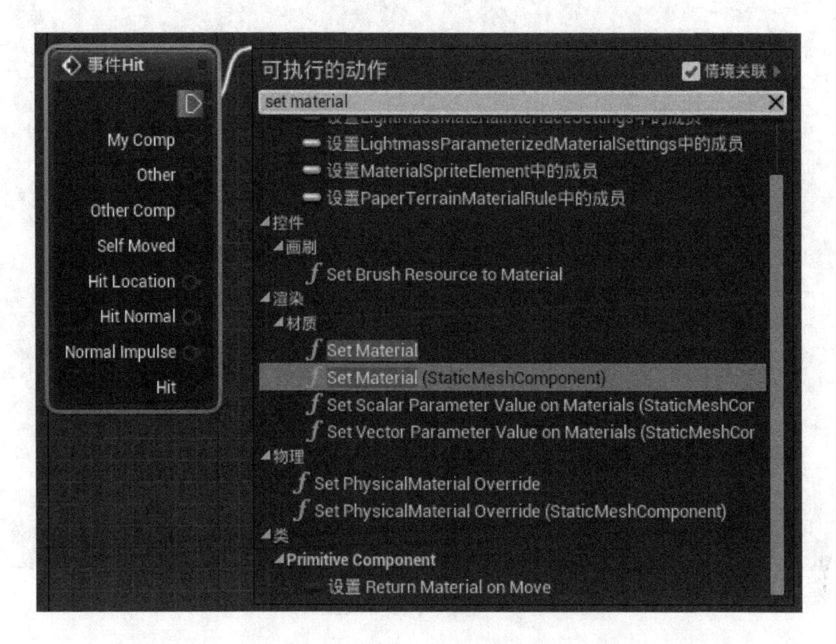

图 1.17 添加 Set Material（StaticMeshComponent）节点

1.4.3 转换材质

当用户将 **Set Material** 节点放置到蓝图中后，便会注意到它已经与**事件 Hit** 节点的**执行引脚**连接。当蓝图的 actor 被另外的 actor 击中时，蓝图现在将会执行 **Set Material** 动作。然而，我们现在还没有设置响应 **Set Material** 时将要调用的材质。

为了设置将调用的材质，单击 **Set Material** 节点中的**选择资源**（**Select Asset**），调出下拉列表，在搜索框内输入“red”来搜索之前创建的 **TargetRed** 材质。查找到该材质后单击它，将该资源添加到 **Set Material** 节点的**材质**区域，如图 1.18 所示。

我们现在已经做好了改变目标圆柱体颜色的蓝图的准备工作，但是在**保存**（**Save**）蓝图之前，还需要编译一下。编译是将蓝图语言转换为告诉计算机该如何操作的机器指令。单击编辑器工具左上角的**编译**（**Compile**）按钮，然后单击**保存**。

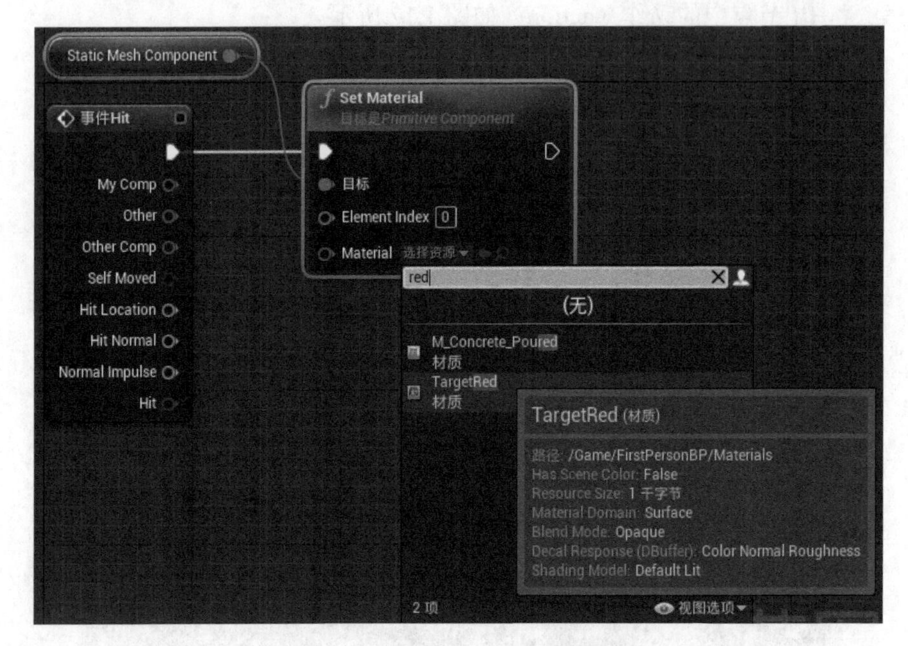

图 1.18　添加 **TargetRed** 材质

既然我们已经设置了一个基础的游戏交互，运行测试一下，确保结果是否达到预期。关闭蓝图编辑器，在 UE 编辑器中单击**播放**按钮运行游戏，尝试跑动和射击，与我们之前创建的 `CylinderTarget` actor 发生碰撞，如图 1.19 所示。

图 1.19　目标圆柱体改变颜色

1.4.4 升级蓝图

当运行游戏的时候，会看到目标圆柱体在被子弹击中时，确实改变了颜色。这是游戏框架的初始，它可以用于接收敌人对于玩家（Player）动作的反馈。你或许也会注意到玩家碰到目标圆柱体时，圆柱体也会改变颜色，然而我们希望只有子弹击中目标时才改变目标颜色。这些不可预见的结果在游戏开发过程中很普遍，最好避免的方法就是频繁地测试我们正在创建的游戏。

为了修正蓝图中的 bug，让它仅对子弹击中时做出反应并改变目标颜色，回到 **Cylinder Target_Blueprint** 蓝图，继续查看**事件 Hit** 节点。

在**事件 Hit** 节点上余下的输出引脚，它们是存储着关于事件数据的一些变量。这些数据可以被传递到其他节点。引脚的颜色代表着变量的数据类型，蓝色引脚传递对象（object），例如 actor；红色引脚包含一个布尔型（true/false）变量。

随着接触更复杂的蓝图，我们将学习更多的引脚类型，但现在，我们只需要关心蓝色的 **Other** 输出引脚。它包含其他 actor 的碰撞触发**事件 Hit** 的数据。这个在确保目标圆柱体只在被子弹击中时改变颜色很有用，而其他的 actor 碰到目标时不改变颜色。

为了确保仅对子弹做出响应，断开**事件 Hit** 节点与 **SetMaterial** 节点之间的连接（断开引脚连接的方法之一为：按住[Alt]键，然后鼠标左键单击连线），从 **Other** 引脚拖出一根引线到空白区域，在搜索框内键入“`projectile`”，找到“**类型转换为 FirstPersonProjectile**（**Cast To FirstPersonProjectile**）”并选择，如图 1.20 所示。

`FirstPersonProjectile` 是 UE4 引擎的第一人称模板中的蓝图，控制着子弹的行为。该节点使用类型转换来确保：只有在子弹 actor 击中与转换节点引用的对象相匹配的圆柱体时，才将动作附加到节点的执行引脚。

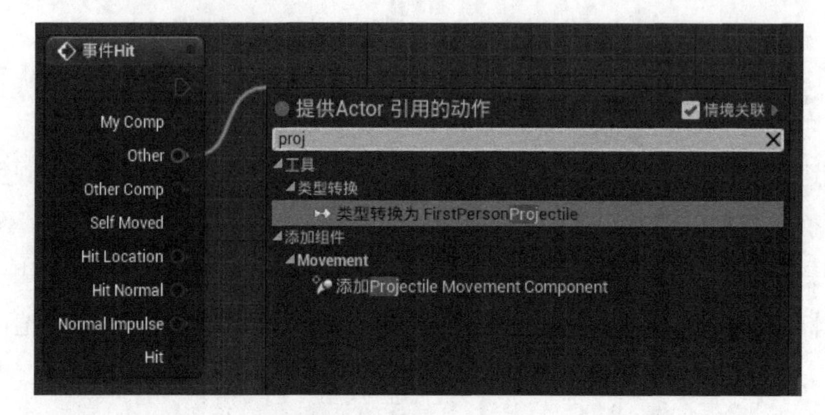

图 1.20　搜索 projectile

当节点出现时，可以看到在事件 Hit 的 Other 输出引脚和转换节点的 **Object** 引脚之间有一根蓝色的线相连（如果没有自动连接，可以手动连上）。连接 **FirstPersonProjectile** 节点的输出执行引脚和 **Set Material** 节点的输入执行引脚，如图 1.21 所示。

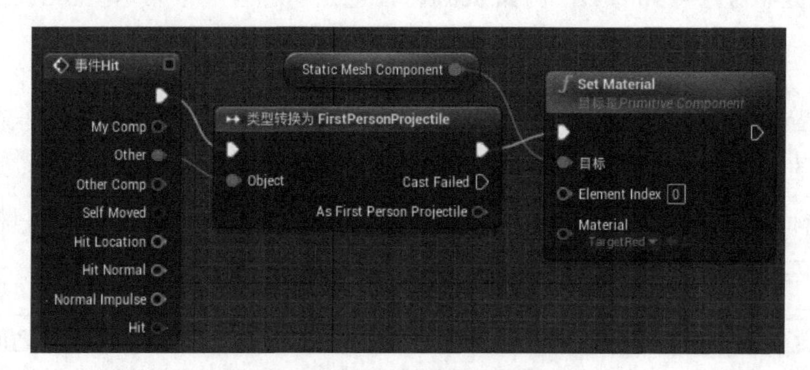

图 1.21　连接相关引脚

现在**编译**、**保存**，关闭蓝图界面后单击**播放**按钮进行测试。现在你会发现**玩家**碰到目标圆柱体时不会改变圆柱体颜色，只有子弹击中时才可以。

1.5　制作移动标靶

既然我们有目标来响应玩家的射击，则可以添加一些挑战性的东西来让项目像一个游戏，一个简单的方法是为目标制作移动的标靶。为了完成这个功能，首先我们需要将目标 actor 是设为可移动的，然后需要通过蓝图设置逻辑。这样便可以控制目标移动。我们的目标是使目标圆柱体在关卡中来回移动。

1.5.1 改变 actor 的移动性和碰撞

为了让目标移动，首先需要改变 actor 的**移动性**（**Mobility**）为**可移动**（**Moveable**）。这个操作将允许对象在玩游戏时可以被操纵。在 UE4 编辑器的世界大纲视图中，选中 **CylinderTarget_Blueprint**，查看**细节**（**Details**）面板。在**变换**数值（**Transform values**）的下方，可以看到**可移动**的开关，单击将状态由**静态**（**Static**）转变到**可移动**，如图 1.22 所示。

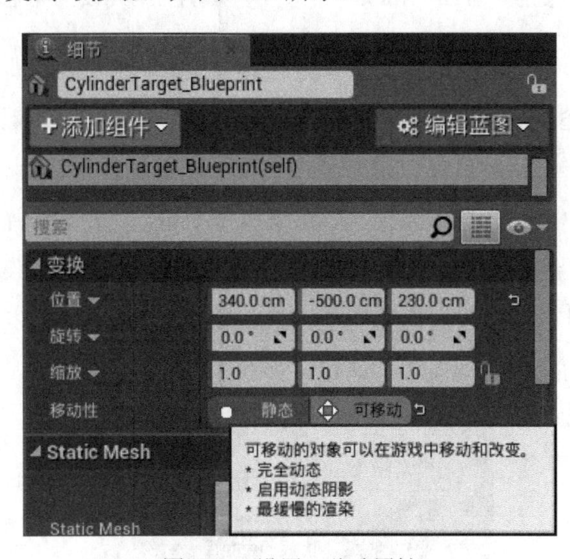

图 1.22 设置可移动属性

批注

默认情况下，放置在世界中/场景中的 actor 为静态(Static)。“静态”表示这个对象在游戏运行时不能移动或被操作。静态对象着重对少量的关键资源进行渲染，应该将其作为非交互对象的默认选择，以便最大化帧率。

注意：关卡中目标圆柱体的版本仅仅是我们为目标圆柱体创建的蓝图模板的一个实例。这个实例是指一个已经被创建的真正的对象，而蓝图是各种特征的描述，一旦使用蓝图创建了实例，该实例也会拥有这些特征。

在关卡中我们做的改变仅仅是针对目标圆柱体的，为了对其他目标也做一些改变，就需要直接修改蓝图了。为此，打开 **`CylinderTarget_Blueprint`**。

随着蓝图的打开，我们希望查找工具栏下方的**视口**标签。在左侧，可看到**组件**（**Components**）面板列出了组成这个蓝图的所有组件。由于我们想编辑物理对象、网格的属性，所以单击组件 **StaticMeshComponent（继承）**。在蓝图编辑器的右边会看到**细节**面板与 UE4 关卡编辑界面中的细节面板有着相同的属性和分类。在这里，我们同样地将**变换**（**Transform**）下方的移动性开关设为**可移动**。这个操作将确保由这个蓝图创建的目标是设置为可移动的。

因为我们希望子弹能够将对象作为射击目标，所以需要确保目标能够发生碰撞，以至于子弹不会穿过目标。仍然是在细节面板中操作，找到 Collision 分类，然后在下拉菜单中找到**碰撞预设值**（**Collision Presets**）。在这个菜单中会有很多的选项。选择 **Custom** 时，用户可以将对象与不同对象之间的碰撞交互进行个性化设置。为了达到项目预期，我们仅需要选择 **BlockAllDynamic**。这样网格会记录它与其他拥有碰撞器的对象之间发生的碰撞。如图 1.23 所示。

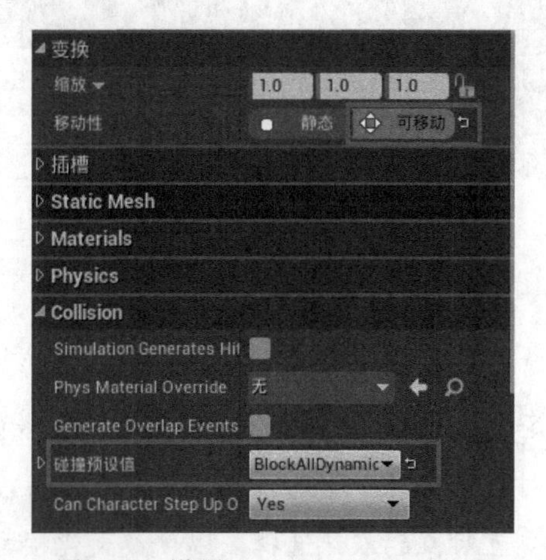

图 1.23　设置 StaticMeshComponent

1.5.2 目标分析

既然我们将目标设置为可移动的，接下来需要让蓝图控制目标圆柱体如何移动。为了移动一个对象，需要 3 个三方面的数据。

- 圆柱体的当前位置。
- 应该在什么方向移动。
- 它应该达到的移动速度。

为了理解对象现在的位置，我们需要知道更多的信息，特别需要留意圆柱体在世界中的坐标。需要将速度和方向的值提供给蓝图，通过一些必要的计算将这些值算出来，为蓝图移动对象提供有用的信息。

1.5.3 使用变量存储数据

第一步就是创建两个变量：方向（direction）和速度（speed）。找到**我的蓝图**（**My Blueprint**）面板，你会看到一个叫作**变量**（**Variables**）的分类，这个分类里暂时没有其他数据，可单击这个分类右边的加号（+）来创建变量。

创建变量后，单击该变量，在蓝图编辑器右边的**细节**面板中，用户将看到一系列的区域可以用于编辑这个变量，我们需要编辑其中的 4 个：**变量名称**（**Variable Name**）、**变量类型**（**Variable Type**）、**可编辑**（**Editable**）和**默认值**（**Default Value**）。我们希望第一个变量用于控制移动速度，因此重命名该变量名为 `Speed`。对于**变量类型**，我们希望这个变量能够用于存储期望的速度数值，因此在下拉列表中选择**浮点型**（**Float**）。

勾选**可编辑**使得能够在此蓝图之外编辑该变量。这样在测试游戏的时候能够很方便快速地调整变量的数值。**默认值**分类看起来没有可编辑区域，但是有一条提示信息**请编译此蓝图**（**compile the Blueprint**），编译蓝图之后，出现一个可以输入初始值的区域，将默认的值 `0.0` 改为 `200.0`，如图 1.24 所示。

图 1.24 设置变量 Speed

通过同样的步骤，创建 **`Direction`** 变量，**变量类型**选择 **Vector**。**Vector** 包含 X、Y、Z 坐标轴的信息。在这个情况下，我们需要指明对象移动的方向。设置 Direction 变量为可编辑，并且将**默认值**设为（`0.0,-10.0,0.0`）。

1.5.4 准备计算方向

为了得到需要为移动所提供的信息，现在将继续探索。或许最初的时候看起来有些难，但是通过分解每个功能并将各个节点组合起来，就可以完成最终的目标。

我们需要完成的第一个计算工作就是取出 direction 变量的向量并进行**归一化**（normalize）。**归一化**是向量运算中的一个常见步骤，可将向量的长度转换为一个单位长度，可与其余部分的计算兼容。有一个专门的蓝图节点来完成此操作。

选中**我的蓝图**（**My Blueprint**）面板上的 **Direction** 变量，将它拖曳至**事件图表**（**Event Graph**）中的空白区域。这个操作将生成一个小的节点，提示用户选择

获得（**Get**）或者**设置**（**Set**）。我们想取出 **direction** 的值，所以选择**获得**来创建这个节点来存储变量的值。单击 **Direction** 节点的输出引脚至事件图表的空白区域，在搜索框内键入“normalize”，在搜索结果中选择 **Vector** 分类下的 **Normalize** 节点，如图 1.25 所示（选中需要注释的两个节点后按[C]键添加注释）。

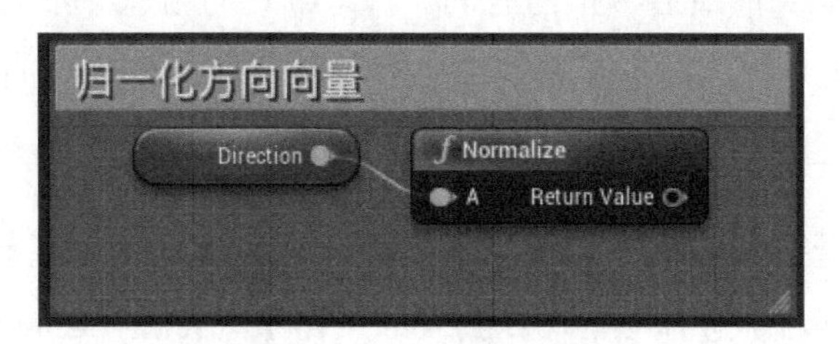

图 1.25 归一化方向向量

如果发现搜索不到节点，请将 Vector 数组改为 Vector，如图 1.26 所示。

批注

在蓝图上留下注释是一个很好的习惯，注释能够帮助描述这一组蓝图完成什么样的功能。在编辑完这个蓝图后，过一阵子回过头来看的时候能够快速地知道它的功能。

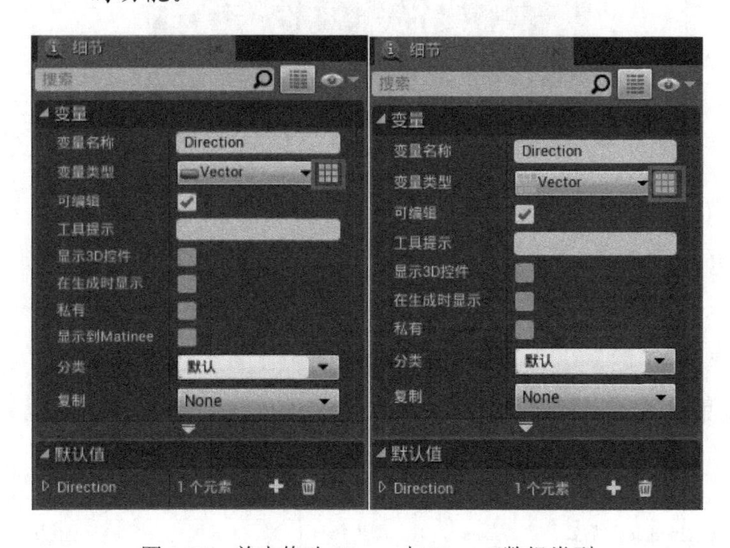

图 1.26 单击修改 Vector 与 Vector 数组类型

1.5.5 使用 delta time 关联速度与时间

为了让速度值与方向相关，首先需要将速度变量与 **delta time** 相乘。**delta time** 是以秒计算，完成最后一帧的时间。它与游戏的帧速率不同。速度变量的值与 **delta time** 相乘后，可以确保游戏中的对象的速度都是一致的，与游戏的帧速率无关。①

将 **Speed** 变量拖入事件图表，选择“**获得**”来创建这个速度节点。在事件图表空白区域单击鼠标右键进行搜索，找到 **Get World Delta Seconds** 选项。最后从 **Speed** 节点或 **Get World Delta Seconds** 节点的输出引脚拖出引线，调出搜索框，键入“*”（星号）或“multi”，找到并选择 **float*float** 节点。最后，将另外一个节点（**Speed** 节点或 **Get World Delta Seconds** 节点）输出引脚至 **float*float** 节点的另一个输入引脚，这样就做到了使两个数值相乘，如图 1.27 所示。

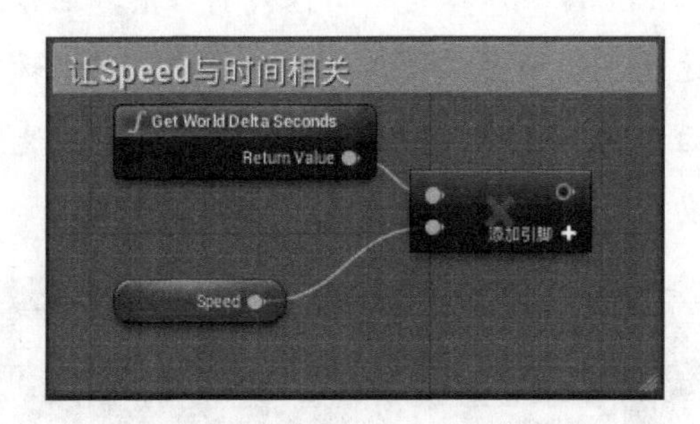

图 1.27 speed*deltatime

1.5.6 转换现有位置坐标

既然已经有了归一化的方向向量和与时间相关的速度值，就需要将这两个数值相乘并将结果赋给对象目前的坐标。首先，在**组件**面板找到 **StaticMeshComponent**，

① 当速度与 delta time 相乘后，假设 speed 为 10，即为每秒 10 米，而不是每帧 10 米，能够防止帧速率不稳定时出现的状况。

并将它拖曳到事件图表。这个操作将生成一个节点，从这个节点中我们可以提取包含在对象的网格组件（mesh component）中的任何数据。

下一步，我们希望获取网格的位置坐标。方法之一就是查看对象的变换属性并提取位置（location）信息，从蓝色的输出引脚拖出引线，在搜索框内键入“Get World”，选择 **Get World Transform** 选项创建节点。除了位置坐标，变换还包含对象的旋转和缩放信息。这一点很有用，因为我们希望目标移动的时候仍然具有旋转和缩放属性，并且从新的移动信息中获取信息来创建变换的值。

现在我们希望将变换分解到组件部分。这样就可以在计算中仅使用变换的位置信息，同时保留旋转和缩放不变。从 **Get World Transform** 节点的输出引脚拖出引线，搜索 **Break Transform** 节点并添加到事件图表中。

现在我们需要添加必要的节点为刚提取出来的位置信息添加速度和方向。右键单击事件图表的空区域，搜索并选择 **Make Transform** 节点。这个将时我们运算的最后一个操作，所以将它放在蓝图靠右的位置。**Make Transform** 节点有 3 个输入：**Location**、**Rotation**、**Scale**。将 **Rotation**、**Scale** 与之前创建的 **Break Transform** 节点的对应输出引脚相连。

下一步，我们需要将方向向量与浮点型的速度数值相乘。从 **Normalize** 节点的输出引脚拖出引线，搜索“*”或“multi”，选择 **Vector * Float**，然后将绿色的输入引脚与速度乘以 deltatime 的节点的输出引脚相连。

最后一步是将速度与方向添加至运算得到的当前位置。单击最新创建的乘法节点的黄色向量输出引脚，拖出引线至事件图表空白区域，搜索“+”，选择 **Vector+Vector** 节点。确保向量相加的输入引脚与乘法节点的输出引脚相连后，将另外一个输入引脚与 **Break Transform** 节点的 **Location** 输出引脚连接。最后，将向量加法节点输出引脚与 **Make Transform** 节点的 **Location** 输入引脚相连接，如图 1.28 所示。

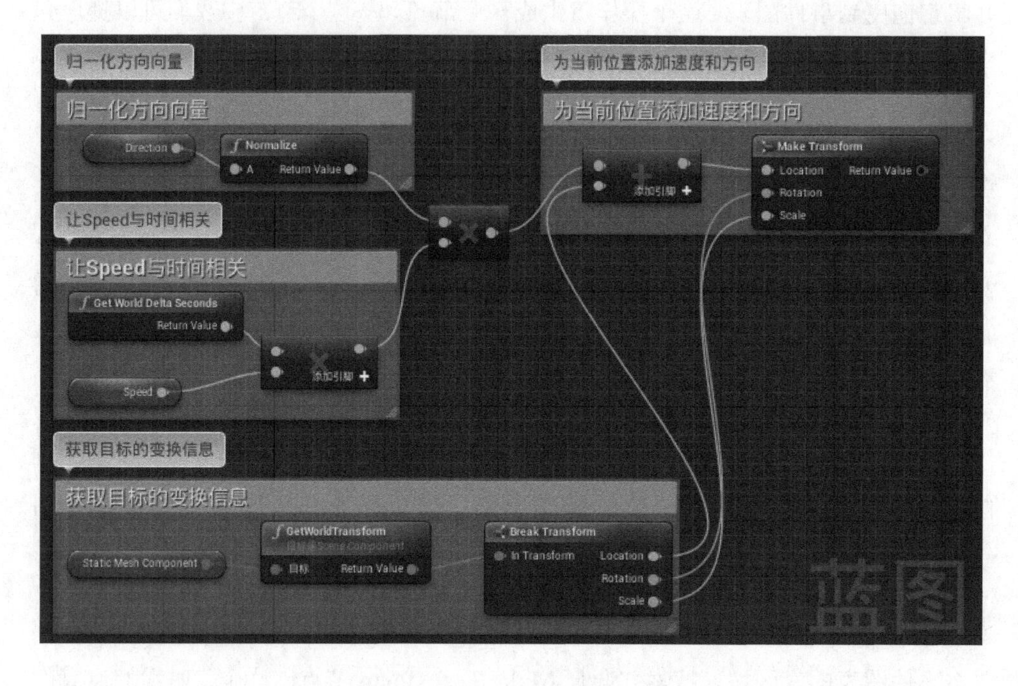

图 1.28 最终的蓝图

1.5.7 更新位置

既然我们计算了变换，就可以通过变换的值来调整目标 **actor** 的位置了。前面已经使用 **deltatime** 使得速度和方向的变化与帧率无关，因此可以简单地使用**事件 Tick** 节点来实现每帧都触发移动（move）动作。鼠标右键事件图表的空白区域，搜索“Event Tick”并选择**事件 Tick**，将它放置在 **Make Transform** 节点的右边。

为了移动目标 **actor**，我们需要使用 **Set Actor Transform** 节点。从**事件 Tick** 的执行引脚拖出引线至图表的空区域，查找 **Set Actor Transform** 并选择节点。然后连接 **Make Transform** 节点的 **Return Value** 输出引脚至 **Set Actor Transform** 节点的 **New Transform** 输入引脚，如图 1.29 所示。

图 1.29 每帧更新位置

1.6 改变目标方向

如果现在编译、保存蓝图，然后开始测试游戏，你期待看到什么结果？目标圆柱体会在游戏开始的时候根据设定的速度和方向移动。然而，由于我们没有任何引起目标停止运动的指令，所以目标圆柱体将随着游戏运行一直移动，甚至会穿越场景中的对象。为了解决这个问题，我们需要一个逻辑来周期性的改变目标的方向。这将使目标像移动的标靶一样，在两点之间规律地来回移动。

我们需要设置两个节点，为方向变量设置两个不同的值。拖曳 direction 变量至事件图表的空白区域并选择**设置**，生成一个有 X、Y、Z 坐标的节点。我们可以用它来改变 **direction** 变量的值，使这个值与我们赋予的初始值不同。我们希望有两个这种类型的节点，再拖曳 **direction** 变量至空白区域生成另一个节点，将这两个节点的 Y 轴的值分别设为 `10` 和`-10`。

现在我们需要一个方法在这两个节点之间转换，使方向就会重复地改变。希望两组动作（action）在每次切换之前交替执行一次时，可以使用 **FlipFlop** 节点。这适用于我们这个项目，所以鼠标右键单击事件图表的空白区域搜索“`FlipFlop`”，选择并放置好节点，然后与刚创建的两个 **direction** 节点连接。

最后，我们需要确保在执行方向转换之间有一些延迟。否则，方向将会在每一帧都改变，目标对象也就不会移动了。为了实现这一步骤，从 **FlipFlop** 节点的执行引脚拖出引线至空白区域，搜索 **Delay** 节点。这个节点将允许我们设置一个以秒为单位的延迟时间，而在这个节点以后的执行命令将会被延迟这段时间后执行。将 **Delay** 节点放在 **Set Actor Transform** 节点和 **FlipFlop** 节点之间，设置延迟时间为 6 秒。在 6 秒的延迟后，执行 **FlipFlop** 的转换功能。最终的结果如图 1.30 所示，如果你完成了，请**编译**并**保存**蓝图。

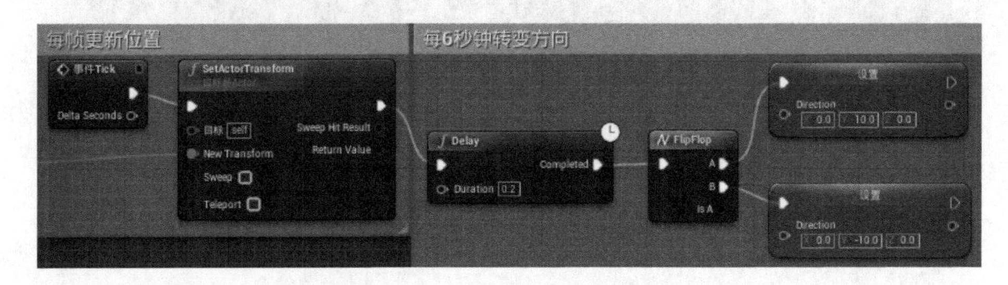

图 1.30　改变方向蓝图

测试移动的目标

现在我们已经将蓝图更新过了，可以测试查看目标圆柱体对象是否按照预期进行移动。首先，我们需要将目标圆柱体对象放在 Y 轴方向上没有障碍物的地方，确保在 Y 轴上运动不会与其他物体碰撞，这里采用的坐标是（410,680,180），仅供大家参考。

单击**播放**按钮，如果蓝图正常工作的话，你将会看到圆柱体在两个定点之间来回的移动。

使用蓝图的优点之一是它创建了一个功能性模板，这个模板可以被场景中的很多对象进行使用。在 `Blueprints` 文件夹中找到 `CylinderTarget_Blueprint` 并将它直接拖到 3D 视图中，可创建另一个继承原始目标圆柱体功能的圆柱体。通过这个方法，我们通过仅仅使用设置蓝图逻辑，就可以快速地创建很多移动的目标。

1.7 小结

本章通过 UE4 蓝图创建了第一个原型，迈出了游戏开发的第一步！

在本章中，利用 FPS 模板创建了一个工程和一个初始关卡。然后设置了一个目标，通过改变自身颜色来响应子弹的射击。最后，设置了一个蓝图，能够快速地创建很多移动的目标。读者在本章所学到的这些技巧，将为后续章节创建更加复杂的交互性行为打下扎实的基础。

你或许会希望花更多的时间来调试游戏原型，包括布局、目标移动速度。由于我们将继续游戏开发，后续很多时候都在候选效果面前徘徊并作出选择。蓝图可视化编程最好的地方就是可以快速地让用户测试自己的想法。用户学到的每个技巧都将让你获得更多的游戏开发经验，而这些经验可以在探索和做原型时获取。

在接下来的第 2 章中，我们将利用 FPS 模板进一步地了解玩家控制器（player controller），将拓展控制角色移动和射击的蓝图，并且制作更多有趣的视觉冲击和音效。

第 2 章
升级玩家的技能

在本章中，我们将通过修改玩家控制器（player character）蓝图，来扩展在第1章中创建的射击交互的核心部分。FPS 模板中玩家控制器的蓝图——特别是当它与上一章相对简单的目标圆柱体的蓝图比较时——乍一看很复杂。我们将会分析玩家控制器蓝图并将它分解为很多部分，弄明白每个部分的功能，以及它们组合在一起时能够控制角色和射击的原因。

我们可以很容易且快速地使用现有的资源来照着搭建这个蓝图，甚至不需要花时间去思考它是如何完成这些功能的。但是，我们必须确保当问题出现时能够尽快尽量完美地解决，并且能够扩展玩家控制，以便更全面地符合我们的需要。所以，花点时间来理解这些内部资源有助于将来项目的推动。

在本章的结尾，我们希望能成功修改角色控制器。这样我们就可以为角色添加冲刺、摧毁游戏对象功能，在摧毁对象时附加爆炸效果和声音效果。随着我们达成这些目标，也就完成了一下技能的提升。

- 玩家输入和控制。
- 视野。
- 时间轴和分支逻辑。

- 为对象交互添加声音和例子效果。

2.1 通过扩展蓝图添加加速技能

开始探索 **FirstPersonCharacter** 蓝图，以使玩家在关卡中移动时拥有更多的战术选项。没做修改前，玩家还只是局限在一个速度进行移动。我们可以通过蓝图节点监听按键的动作来进行调整，将调整移动速度功能附加在 **CharacterMovement** 蓝图组件中。

2.1.1 分解角色移动蓝图

现在我们打开 **FirstPersonCharacter** 蓝图。它与第 1 章的 **Cylinder-Target_Blueprint** 蓝图位于同一个文件夹下。在内容浏览器中找到 **FirstPerson-Character**，双击打开蓝图。选中**事件图表**标签，你将发现有许多的蓝图节点。我们首先研究的是加了 **Stick input 注释**的这一组节点，如图 2.1 所示。

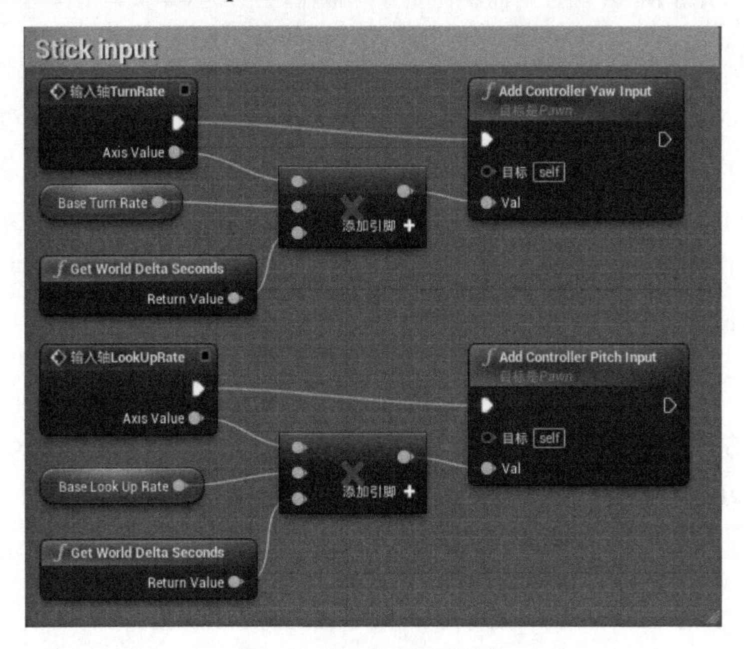

图 2.1 输入控制蓝图模块

红色的触发器节点在每帧都被调用，并将 **TurnRate** 和 **LookUpRate** 节点的值分别通过一个控制器输入传递出去。这些值通常与我们实际用的模拟摇杆的上/下、左/右轴相匹配。注意到这里只有两个输入轴触发器，却完成了向上看/向下看、向左转/向右转等 4 个功能，因为向上看与向下看传递的 **Axis Value** 为正值和负值，向左转和向右转也是一样，传递的 **Axis Value** 为正值和负值。

然后，两个轴向触发器的值都与一个变量相乘，表示玩家转身或向上（下）看的速率。这些值也都与 **world delta seconds** 相乘来归一化，避免了不同帧率的影响，尽管触发器会每帧都调用，但是玩家速率保持不变。3 个输入引脚的乘积分别传递给 **Add Controller Yaw Input** 函数和 **Add Controller Pitch Input** 函数。这两个函数将控制器输入转化为展现在玩家摄像机中的效果。

在 **Stick Input** 蓝图节点组下方有另外一个注释为 **Mouse Input** 的节点组，它们看起来很像。**Mouse Input** 转换鼠标移动输入，与轴向摇杆控制器不同，它直接获取数据然后将这些值直接传递给相应的 **Add Controller Yaw Input** 函数和 **Add Controller Pitch Input** 函数，而不需要像模拟输入做那些计算。

管理玩家移动功能的节点组的设置与摇杆和鼠标输入节点组有些类似。从**输入轴 MoveForward** 和**输入轴 MoveRight** 获取的轴值是由控制器或键盘输入的。与 **Stick input** 节点组一样，**Movement input** 节点组也通过返回负的轴值来完成向后和向左运动的功能。在运动转换中很大的不同是我们需要 **actor** 移动的方向，这样移动转换可以被应用正确的方向。方向由 **Get Actor Forward Vector** 节点和 **Get Actor Right Vector** 节点获取并附加给 **Add Movement Input** 节点的 **World Direction** 输入引脚，如图 2.2 所示。

在新的版本中，添加了对 VR 支持，新增了 **First Person Camera**、**Get Forward Actor**、**Get Right Actor**、**Is Head Mounted Display Enabled** 等节点，如图 2.3 所示。

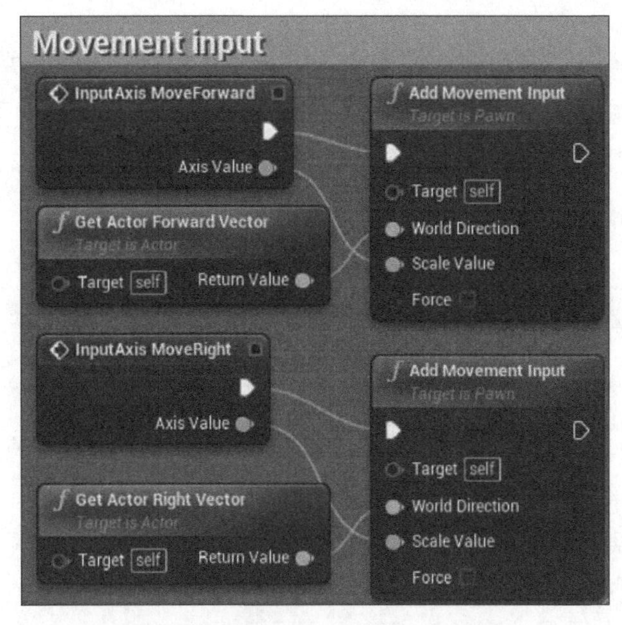

图 2.2 Movement input 节点组（4.7.6 版本）

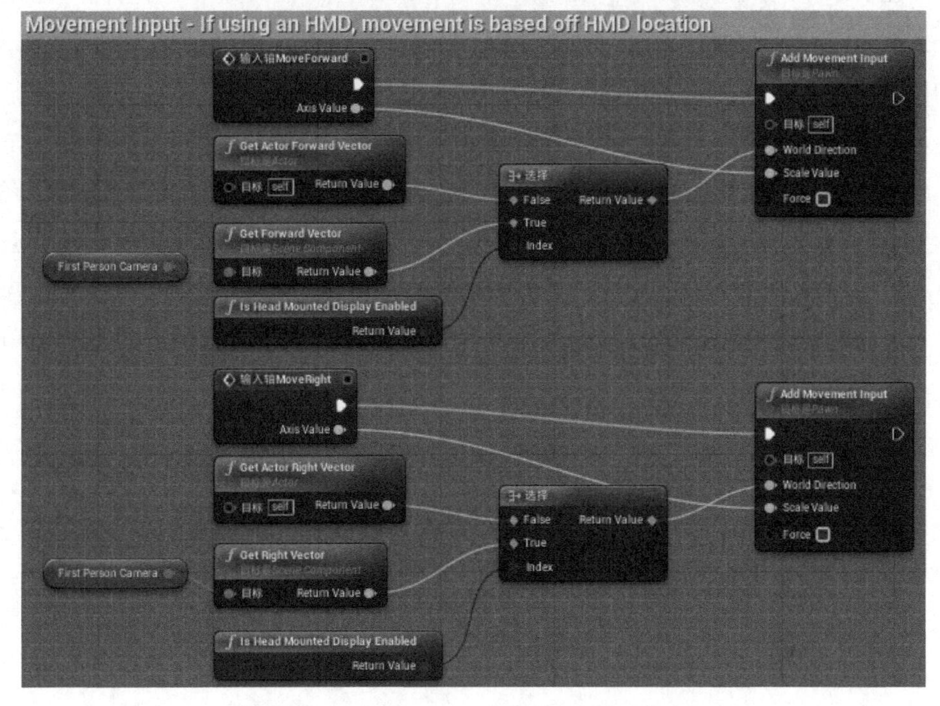

图 2.3 Movement input 节点组（4.12.5 版本）

最后一个与移动相关的就是注释为 **Jump** 的节点组。它由**输入动作 Jump** 触发节点、**Jump** 函数和 **Stop Jumping** 函数组成，**输入动作 Jump** 触发节点检测与跳起事件绑定的按键的按压和释放，并且从按键按下至抬起的时间内都有相关函数进行事件监听。

2.1.2 自定义输入控制

在 FPS 模板在蓝图中，绑定了一些玩家输入动作来产生一些行为，比如向前移动或跳跃。为了创建新类型的行为，我们将新的物理控制输入添加到玩家动作当中。为了改变游戏的输入设置，单击**虚幻编辑器**菜单的**编辑**按钮，找到**项目设置**（**Project Settings**）选项。在弹出的窗口左侧，**引擎**分类下找到**输入**（**Input**）选项并选择。

在**引擎-输入**（**Engine-Input**）菜单中的 **Binding**（绑定）分类下，有两个部分，分别称为：**Action Mappings** 和 **Axis Mappings**，其中，**Action Mappings** 监听按键和鼠标单击事件触发玩家动作；**Axis Mappings** 针对的玩家移动和事件都有个范围，比如 W 键和 S 键同样影响 **Move Forward** 动作，但是结果不一样（控制角色向前走/向后走）。比如冲刺和变焦功能，它们有启用或不启用等两个选项，所以我们会将它添加作为 **Action Mappings**。动作和按键映射（**Action Mappings，Axis Mappings**）提供了一种通过在输入行为和激活行为的按键之间插入一个中间层来方便地映射按键和坐标轴的机制。动作映射针对按键按下和释放，而坐标轴映射则针对具有连续范围的输入。

单击 **Action Mappings** 右侧的加号两次添加两个 **Action Mappings**，将第一个重命名为 **Sprint**，从下拉菜单中选择**左 Shift** 键与 **Sprint** 事件绑定。将第 2 个动作命名为 **Zoom**，然后将它与**鼠标右键**绑定，如图 2.4 所示。

图 2.4 按键绑定

2.1.3 添加冲刺功能

上面我们讲到了输入节点接收控制器输入并将它应用到游戏角色中，既然有了基本的了解，接下来将为玩家扩展冲刺（Sprint）功能。我们需要在 **FirstPerson-Character** 蓝图中设置好一系列的节点。

首先我们需要创建触发器来激活冲刺功能。回想我们之前将冲刺动作映射到**左 Shift** 键，为了进入那个输入触发器，需在事件图表的空白区域单击鼠标右键，搜索 Sprint，选择**输入**>>**动作事件**>>**Sprint**（**InputAction Sprint**）事件节点。

现在我们希望修改玩家的移动速度。如果你尝试添加一个新的节点，在搜索框内搜索 speed 并且勾选情境关联（context-sensitive），那你将仅仅只能找到检测最大速度并校验是否超过最大速度的节点，而并不能设置最大速度。所以，我们需要检索到一个值，从 **FirstPersonCharacter** 附加到 **actor** 的角色运动组件上。查看**组件**面板并选中 **CharacterMovement（继承）**。之后，细节面板将会出现一系列的变量，如图 2.5 所示。

在这个变量列表中，你可以找到 **Max Walk Speed**。这个变量的值定义了玩家可以达到的最大移动速度，并且它需要成为冲刺（Sprint）函数的目标。我们希望从角色移动组件中获取这个值并添加到事件图表中。为了做到这个，在组件面板选

中 **CharacterMovement（继承）**组件，将它拖曳到事件图表中，放置在**左 Shift** 节点附近。这个操作将生成一个 **Character Movement** 节点，如图 2.6 所示。

图 2.5 CharacterMovement（继承）的细节面板

图 2.6 Character Movement 节点

从 **Character Movement** 节点的输出引脚拖出引线至事件图表的空白区域，确保勾选了**情境关联**，在搜索框内键入“walk speed”，找到**设置 Max Walk Speed**，将**输出动作 Sprint** 节点的 Pressed 输出执行引脚与**设置 Max Walk Speed** 节点的输入执行引脚连接，使得按下左[Shift]键的时候能够修改最大移动速度。最后，在**输出动作 Sprint** 节点中改变 **Max Walk Speed** 的值，将默认数值由 0.0 改为 2200。

我们同样需要确保玩家能够在左[Shift]按键抬起的时候减速。为了做到这个，再次从 **Character Movement** 节点的输出引脚拖出引线，然后在搜索并添加另一个**设置 Max Walk Speed** 节点。这次连接**输出动作 Sprint** 节点的 Released 输出执行引脚和新的**设置 Max Walk Speed** 节点的输入执行引脚，然后将 **Max Walk Speed** 的默认值 0.0 改为 600。为了养成良好的添加注释的习惯，选中本节我们添加的所有节点后，按下[C]键（或者单击鼠标右键，选择**注释组>>从选中项中创建注释**，将注释命名为 `Sprint`，如图 2.7 所示。

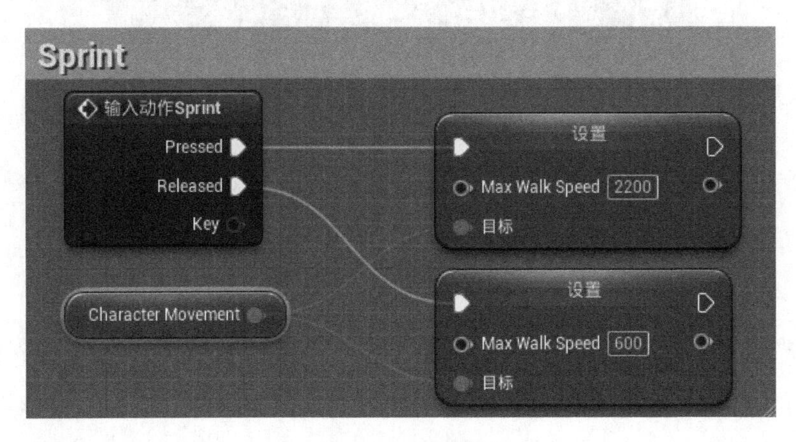

图 2.7 Sprint 蓝图

现在**编译**、**保存**，最小化蓝图后在 UE4 编辑器中按下**播放**按钮进行测试。你将会注意到当你在移动过程中按下左[Shift]按键时，玩家角色显著地提高了速度。

2.2 制作瞄准镜效果

现代 FPS 的核心元素就是以瞄准镜的形式将 **FOV**（**field of view，视野**）呈献给玩家。这是一个很重要的因素，给游戏带来了精确感和控制感。现在将这一功能的简化版添加到项目中。

在事件图表中靠近 **Mouse input** 节点组的空白区域单击鼠标右键，搜索**输入动作 Zoom**（**InputAction Zoom**）触发器节点并添加。我们希望修改 **FirstPerson-Camera** 组件中的 FOV 值，于是到**组件**面板中找到 **FirstPersonCamera** 并将它拖入事件图表中。

从 **FirstPersonCamera** 节点的输出引脚拖出引线，搜索 **Set Field Of View**（变量）节点并选择。减小视野给我们一种效果：在屏幕的中央将一小块区域进行放大。由于我们默认的视野值是 90，处理后的视野值在节点中设为 45，如图 2.8 所示。

图 2.8　Zoom view 蓝图

连接**输入动作 Zoom** 的 **Pressed** 输出执行引脚和设置节点的输入执行引脚。**编译**、**保存**，最小化蓝图后在 UE4 关卡编辑器中单击**播放**进行测试。你将注意到当你右键单击鼠标时，视野会缩小，看到的物体也感觉更近了。由于主摄像机中为角色剔除的对象会产生变形，所以接下来我们将优化这一行为。

2.2.1 使用时间轴进行平滑过渡

为了让视野平滑转换，我们需要创建一个将变化逐渐地显示出来的动画。为了实现这个效果，先回到事件图表中的 **FirstPersonCharacter** 蓝图。

按住[Alt]键并单击**输入动作 Zoom** 节点的 **Pressed** 输出执行引脚的连接，从 Pressed 引脚拖出引线，搜索并选择**添加时间轴**（**Add Timeline**)来添加一个时间轴（timeline）。时间轴允许我们在指定的时间内改变一个值（比如摄像机的视野）。

批注

组件末尾的（继承）标签告诉我们这个组件的功能在C++脚本中定义，而不是在蓝图中定义的。组件的功能直接在 C++脚本中定义，这在进行移动或网格定义的物理计算等复杂工作的组件中很常见的。如果你对继承组件的代码感兴趣，你可以右键单击该组件打开“.h”头文件。

为了改变时间轴的值，双击时间轴节点，打开时间轴编辑器。在编辑器左上角你将看到 4 个按钮，每个按钮都能添加一个不同类型的并且将在时间轴过程中改变的值。因为视野被一个数值所表示，所以我们单击[f]按钮（**添加浮点型轨迹**（**Add Float Track**）)，将添加一个时间轴，并且光标闪烁提示修改标签名，我们将它命名为 **Field of View**。现在我们需要在不同的时间间隔上编辑数值，如图 2.9 所示。

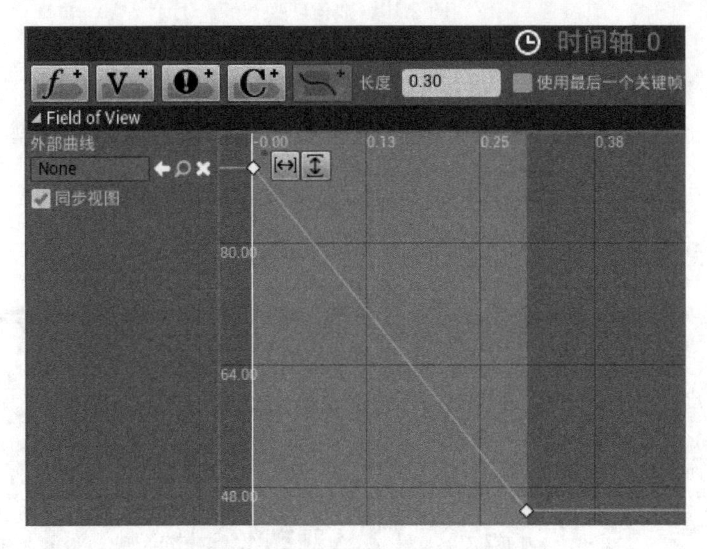

图 2.9 编辑时间轴 Field of View

为了完成上图所示的时间轴，我们需要按住[Shift]键并在（0,0）点附近单击（也可以在（0,0）点附近单击鼠标右键>>添加关键帧），你将看到在图表的左上角出现时间和数值区域。这允许我们根据数值精确地调整时间轴。确保时间设置为 0.0，默认视野（FOV）的值为 90，即（时间，值）为（0.0,90）。

我们希望放大的动画尽量快速完成，所以在时间轴编辑器的顶端，找到**长度**（**Length**）右边的输入框，将默认值修改为 0.3。这个操作可以将动画限定在 0.3 秒内完成。现在按住[Shift]键并单击图表白色区域的末端，仔细地将 **Time** 区域设为 0.3，值区域设为 45（如果觉得手动调比较麻烦，可以在输入框内直接输入）。这时数值区域内所有的数值都自动地被转换为近似的浮点型数值，如图 2.10 所示。这些数值差并不能产生更多的视觉上的差异，所以我们并不需要太关心这个数值转换。

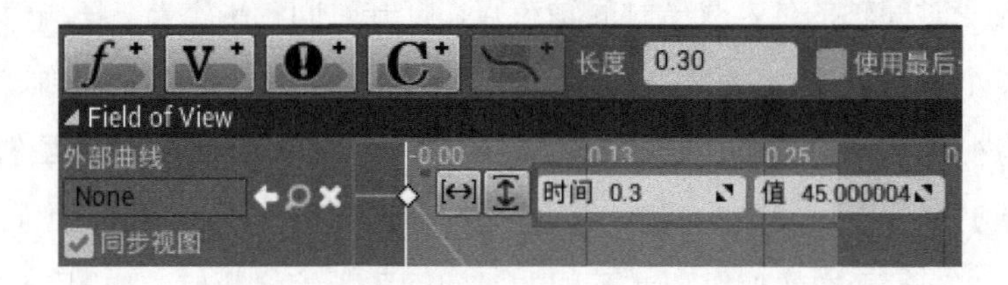

图 2.10　数值转换

注意到时间线反映的值逐渐地从 90 减小到 45，这意味着当这个动画被调用时，玩家的视野将会平滑地放大，而不是迅速地从 90 直接变为 45。这样就利用时间轴来设置数值在一段时间内的改变。

现在转到事件图表，我们希望用时间轴来设置视野，如图 2.11 所示连接蓝图。

图 2.11　连接时间轴节点

从时间轴_0 节点的 **Field of View** 输出引脚拖出引线至**设置**（**Set**）节点的输入引脚。这样将重写之前写死的值 45。然后，将时间轴节点的 **Update** 输出执行引脚与设置节点的输入执行引脚相连。这个操作将使得视野值（FOV value）通过传递新的值给执行函数来随时更新。由于在时间轴里已经设置过了，视野的值在这里就不需要设置了，时间轴使得视野值从 90 到 45 在 0.3 秒内逐渐变化。

批注

UE4 中有两种基本的方法实现动画。时间轴非常适合于简单的改变数值，比如门绕着轴旋转，对于更复杂的、基于角色的或者是电影般的动画，可以使用引擎内建的动画系统。Matinee（关键帧）和复杂的动画超出了本书的范围，但是有很多专用的学习资源是使用 matinee 的。建议从 Unreal wiki 相关的教程开始，参见 wiki 网站的相关介绍。

最后，我们希望当鼠标右键松开时，取消放大视野。为了实现这个效果，从**输入动作 Zoom** 节点的 **Released** 引脚出出引线连接至**时间轴**节点的 **Reverse** 引脚。这个操作将使得松开鼠标右键时，原来拉近视野的动画倒着播放（即拉远视野），保证在还原到原来视野时有一个平滑的切换动画。同样地，选中完成该功能的所有节点，为节点组添加注释，可方便后续查阅时能够快速了解这个节点组完成的功能。

现在请**编译**、**保存**蓝图，最小化蓝图编辑器后，在 UE4 编辑器中按下**播放**按钮进行测试，当你按下和松开鼠标右键时，视野是否能相应地拉近和拉远。

2.2.2 加快子弹的速度

我们已经给玩家角色增加了新的玩法，现在需要将关注点回到游戏的射击机制上。从刚才测试的情况来看，从枪口射出的子弹（小球）在空中的运动轨迹是一条速度相对较慢的弧线，我们希望适当加快子弹的速度让它看起来更像。

为了更改子弹的属性，我们需要打开同样位于 **`Blueprints`** 文件夹中的蓝图 **`FirstPersonProjectile`**。打开蓝图后，找到组件面板里的并选择 **Projectile**。这是一个控制子弹移动组件，其已经被添加到球体网格和碰撞器，用于定义当子弹在游戏世界中被创建后怎样运动。

在**细节**面板中，**Projectile** 具有一系列的属性值。这些值与移动相关并可以被修改，我们将修改其中部分属性值，如图 2.12 所示。

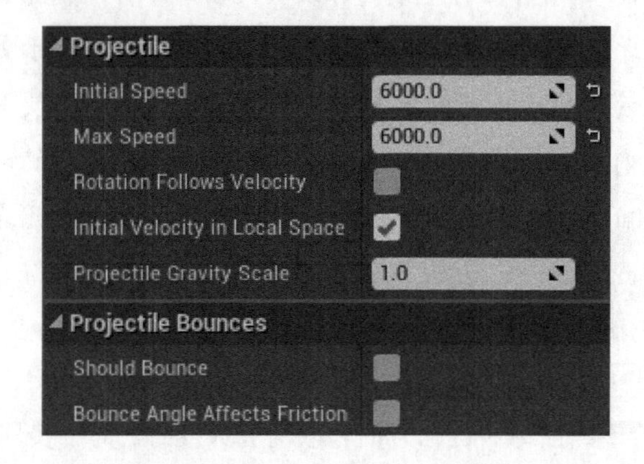

图 2.12　修改 projectile 的属性值

首先，找到 **Initial Speed** 和 **Max Speed** 属性，默认值为 3000。**Initial Speed** 定义了当子弹被创建时的飞行速度。**Max Speed** 定义了在子弹创建之后给子弹施加力，子弹能够达到的最大速度。如果我们有一个火箭，或许会期望在火箭发射后给它施加一个加速度来表示推进器工作。然而，由于我们正在表示从枪口射出的子弹，将初设速度设置的最快更有意义，因此将 **Initial Speed** 和 **Max Speed** 都设为之前速度的两倍，即 6000。

此外，你或许注意到当子弹碰到墙和其他物体时会反弹，就像碰到了一堵橡皮墙一样。然而我们要模仿一个更硬、更强力的冲击弹丸。为了移除反弹属性，在细节面板中找到 **Projectile Bounces** 分类，将 **Should Bounce** 取消勾选。其他的选项只有在 **Should Bounce** 勾选时才起作用，所以不需要去调整它们。

现在请**编译**、**保存**蓝图，最小化蓝图编辑器后，在 UE4 编辑器中按下**播放**按钮进行测试，你将发现枪口射出的子弹打得更远、更有力度。

2.3 添加音效和粒子效果

既然我们已经拥有了更好的玩家移动和射击属性，将我们关注的点转向敌方目标。现在的效果是射击目标圆柱体后圆柱体会变成红色。然而，目前没有任何可以被玩家完全摧毁的目标。

我们可以通过添加蓝图逻辑来添加更多的与目标之间的交互，比如在击中目标两次及以上时销毁物体，同时增加玩家的奖励，一旦目标被摧毁，就产生一个令人满意的声音和视觉效果。

2.3.1 为目标状态添加分支

我们需要保证 **CylinderTarget** 蓝图中有使目标圆柱体的状态变化逻辑。打开 **Blueprints** 文件夹中的 **CylinderTarget** 蓝图，找到**事件 Hit** 节点组。当我们的子弹击中目标圆柱体时，这些节点通知圆柱体改换红色材质。为了在圆柱体被击中两次后给圆柱体添加改变圆柱体行为的能力，我们需要为蓝图添加一个检查圆柱体被击中次数的计数器，然后根据状态显示不同的结果。如图 2.13 所示操作，可以帮助我们完成这个功能。

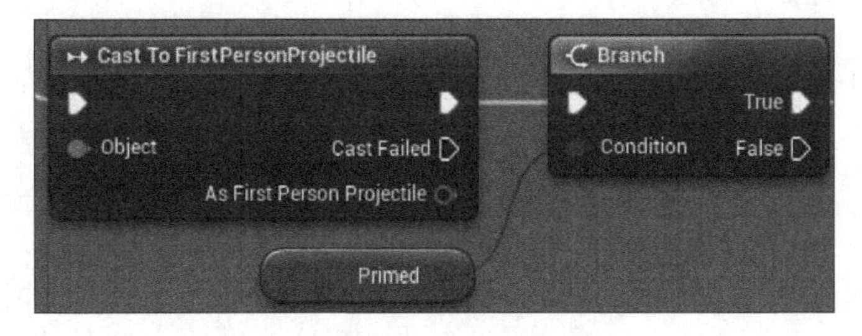

图 2.13 添加计数器

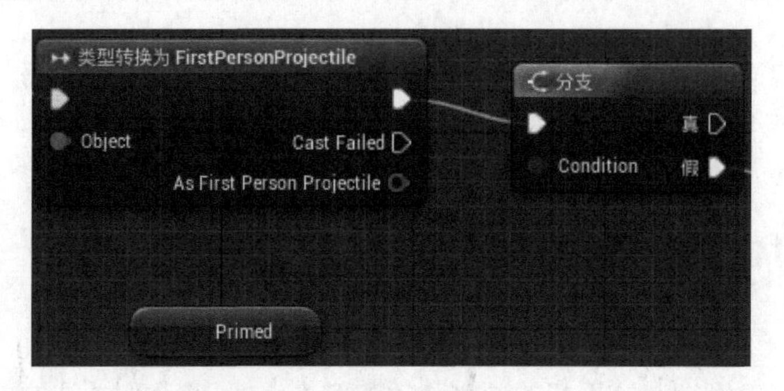

图 2.13 添加计数器（续）

为了在蓝图中创建多结果的条件逻辑，我们要利用**分支**（**Branch**）节点。这里的分支节点使用一个布尔变量作为输入。由于布尔变量的值只有真或假两种情况，**分支**节点只能产生两种结果。这两种节点可以通过连接的其他节点的输出执行引脚执行，代表真通道和假通道。

创建分支的第一步时定义你的布尔变量代表什么，并且哪些情况会将条件值从假改变为真。我们要创建一个表示目标被击中的初始状态，然后当目标再次被击中时被摧毁。开始创建一个 **Primed** 布尔变量吧。

回忆之前在**我的蓝图**（**My Blueprint**）面板定义的变量，读者应该看到了之前为速度和方向定义的两个变量。单击加号（+）按钮添加变量，新的变量类型默认为布尔型，所以就不用去修改了，将它重命名为 **Primed** 并勾选**可编辑**使得在外部也能修改变量。最后，编译、保存蓝图。因为我们并不希望目标在一次都没被击中的情况下就处于 **primed** 状态，所以我们将变量的默认值设为假（false）（编译保存后默认值的勾选框不勾选）。

既然有了 **Primed** 布尔变量，将它从我的蓝图面板拖放到事件图表中，选择**获取**选项。这个将从变量中获取状态数据（真/假），同时也让我们能够在蓝图中使用它。从 **Primed** 节点的输出引脚拖出红色引线到事件图表，搜索并添加**分支**节点。

最后，我们可以将**分支**节点添加到**事件 Hit** 蓝图节点组。按住[Alt]键单击节点之间的连线，断开**类型转换为 FirstPersonProjectile** 节点和 **Set Material** 节点的连接。

先将 **Set Material** 节点暂时拖放到一边，然后连接**类型转换为 FirstPersonProjectile** 节点的输出执行引脚和**分支**节点的输入执行引脚，现在将在目标圆柱体被击中时都调用分支来进行判断。

既然我们已经将**分支**节点激活，就需要给目标圆柱体一些指令来响应每个状态。我们希望创建的目标可以有这 3 种状态：**默认（Default）**、**击中一次（Primed）**和**销毁（Destroyed）**。由于销毁一个 **actor** 不能执行任何行为，所以在目标销毁后就不能有任何行为发生。因此，我们只需要关注**默认**、**击中一次**这两种状态。

首先来完成**默认**状态。由于这个分支监听当圆柱体在每一次被击中后圆柱体上发生的事件，所以我们希望执行之前添加的改变材质事件。如果目标现在还没有被击中，并且现在被第一次击中，那么我们需要将材质转换为红色。此外，我们也要将 **Primed** 布尔变量设为**真**（**True**）。通过上述设置，当目标圆柱体再一次被击中时，分支节点把行为传递到其他执行队列，节点的**假（False）**执行队列如图 2.14 所示。

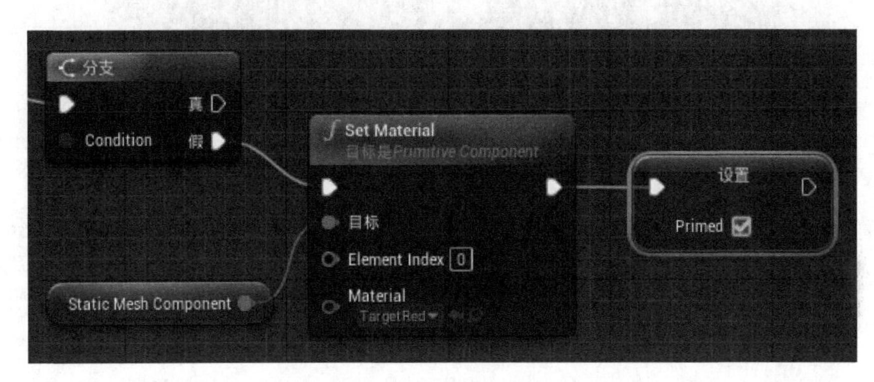

图 2.14　执行队列

将 **Set Material** 节点移到**分支**节点的右边，将**分支**节点的**假（False）**输出执行引脚与节点 **Set Material** 的输入执行引脚相连。从我的蓝图面板中拖出 **Primed** 变量至事件图表，选择设置选项，将 **Primed** 变量的输入执行引脚与 **Set Material** 节点的输出执行引脚相连，并勾选**设置**节点的 **Primed** 选项。这个操作将保证当目标被第二次被击中时，分支的判断结果为真。

2.3.2 触发声音效果、爆炸、销毁

下一步就是去定义从**分支**节点的**真**分支触发的动作序列。在之前早些时候，按照我们的定义，正在摧毁一个目标时希望能够完成3件事：听到爆炸声响、看到爆炸的效果、将目标对象从游戏世界中移除。我们先从经常忽视的，但是非常关键和影响游戏体验的声音元素开始。

我们可以设计的最基本的交互就是：在游戏世界中的某个位置立即播放一个“.wav”声音文件，并且这个功能可以完美地按照我们的意愿运行。从**分支**节点的**真**执行引脚拖出引线，搜索 **Play Sound at Location** 节点，如图2.15所示。

图2.15 添加 **Play Sound at Location** 节点

Play Sound at Location 是一个简单的节点，其承载一个声音文件和一个位置输入，并在该位置上播放声音。这个项目中有几个默认的声音文件资源，单击 **Sound** 输入引脚旁的选择资源，用户可以从下拉菜单中看到声音文件的列表，找到并选择 **Explosion01** 作为爆炸音效。

既然我们已经选择了声音资源，就需要定义在哪里播放这个声音。还记得怎样通过设置目标圆柱体的网格组件设置视野吗？可以使用与之相类似的方法来进行设置，提取出位置信息，然后将位置向量与声音节点直接连起来。然而，**事件 Hit** 触发器把这个事情简化了。

事件 Hit 节点的输出引脚之一为 **Hit Location**。这个引脚包含了被**事件 Hit** 节点检测到的游戏世界中两个对象发生碰撞的位置信息。这个位置是产生爆炸效果的

绝好位置，从**事件 Hit** 节点的 **Hit Location** 引脚拖出引线与 **Play Sound at Location** 节点的 **Location** 引脚相连接。

编译、保存、最小化蓝图后，在 UE4 编辑器中单击**播放**按钮进行测试。射击某一个移动目标使它变红，然后接下来的每一次射击都将产生一个爆炸音效。

既然我们的爆炸声音效果已经起作用了，现在开始添加视觉效果并销毁圆柱体，参照图 2.16 进行设置。

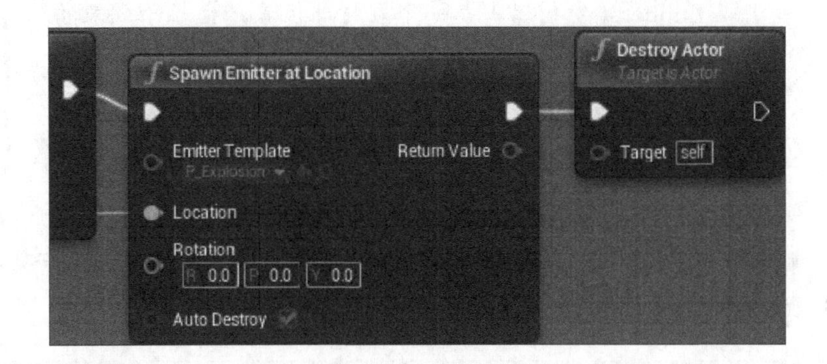

图 2.16 设置爆炸效果

从 **Play Sound at Location** 节点的执行引脚拖出引线至事件图表的空白区域，搜索并添加 **Spawn Emitter at Location** 节点。

Spawn Emitter at Location 节点看起来与 **Play Sound at Location** 节点类似，不过它还多了旋转输入引脚和 **Auto Destroy** 开关。在 **Emitter Template** 下方的下拉菜单中，找到并选择 **P_Explosion** 效果。这是 FPS 模板中自带的另一个标准资源，它将在发射器被添加的地方产生一个令人满意的爆炸效果。

因为我们希望爆炸效果与爆炸音效在同一个位置生成，从**事件 Hit** 节点的 **Hit Location** 引脚拖出引线与 **Spawn Emitter at Location** 节点的 **Location** 引脚相连接。爆炸是一个从所有的角度看都一样的三维效果，所以我们可以暂时不管 **Rotation** 输入引脚。**Auto Destroy** 开关决定粒子发射器是否能被多次触发，一旦这个粒子效果被创建，我们就将包含这个粒子发射器的 actor 销毁，所以我们勾选 **Auto Destroy**。

最后，我们希望在爆炸的声音和视觉效果完成后，从游戏世界中移除目标圆柱体。从 **Spawn Emitter at Location** 节点的输出执行引脚拖出引线，搜索 **Destroy Actor** 节点（为了找到这个节点，你可能需要暂时地将**情境关联**取消勾选）并添加。这个节点只有一个目标输入，默认为 **self**。由于这个蓝图包含了我们想摧毁的圆柱体对象，并且 **self** 就是我们想摧毁的，所以我们不需要对这个节点进行设置。

提示

Emitter（发射器）是一个在特殊位置产生粒子效果的对象。粒子效果收集了很多小的对象，将它们结合起来创建液体、气体或其他不能触摸的效果，比如水的冲击、爆炸或光束。

扩展整个事件 Hit 节点序列的注释，并且更新上面的文本描述，写清楚这个节点组完成了哪些功能，如图 2.17 所示。

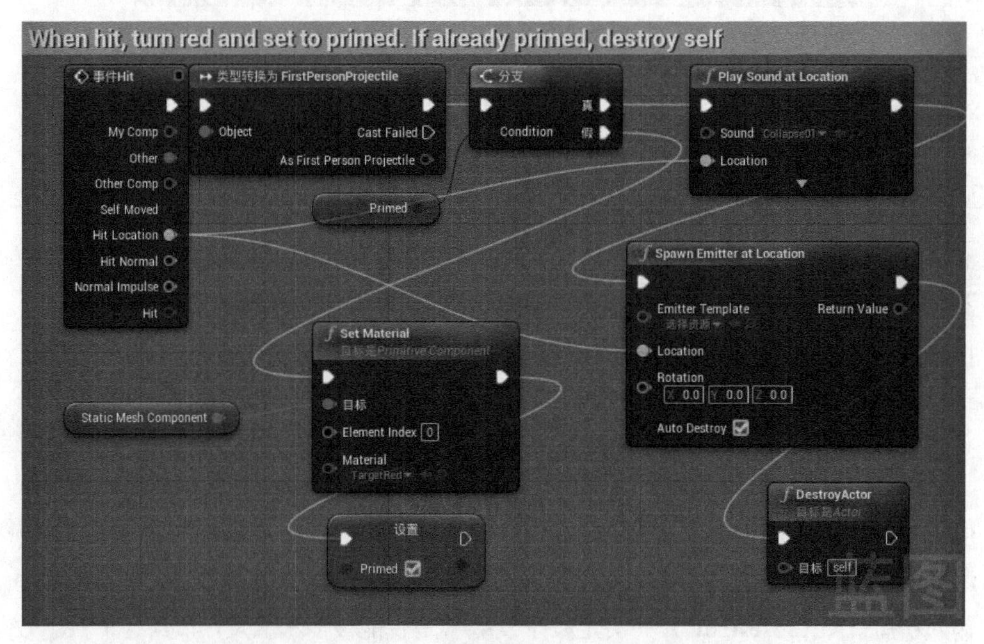

图 2.17　最终的蓝图节点组

当你完成了注释的添加，请**编译**、保存，最小化蓝图后，在 UE4 编辑器中单击**播放**按钮进行测试。当你使用枪发射子弹击中目标圆柱体两次后，将看到爆炸效果并听到爆炸音效。

2.4 小结

游戏中添加音效和视觉效果，是射击游戏中主角该有的能力。同时，本章的游戏还添加了目标与玩家之间的交互。我们可以将前两章的技巧结合起来，创建更复杂、更有趣的行为。

在本章中，我们创建了一些自定义的玩家控制来允许玩家加速冲刺和拉近的视野。在这个过程中，我们探索了移动控制器时怎样将玩家的输入转换为游戏体验。我们也通过使用时间轴创建了简单的动画。然后通过为敌方目标添加爆炸效果和音效，在目标被击中两次时添加不同的状态，增加了更多的玩家与环境的反馈。

在第 3 章中，我们将探索添加用户界面（User Interface，UI），为玩家提供游戏世界中的状态反馈。

第 3 章
创建屏幕 UI 元素

任何游戏体验的核心是游戏设计师用什么给玩家传达游戏目标和规则，其中很常见的一种方法是使用图形用户界面（**Graphical User Interface，GUI**）为玩家显示并广播重要信息。在这一章中，我们将设置一个 GUI，用于跟踪显示玩家的血条、体力和弹药，并且我们将设置一个计数器，用于为玩家计数。读者应学会使用虚幻引擎的 GUI 编辑器来设置一个基本的用户界面，并能使用蓝图将界面与游戏中的数值绑定起来。我们使用 **UMG UI** 编辑器来创建 UI 元素。在这些内容的学习过程中，我们将涵盖以下内容。

- 使用 UMG UI 编辑器创建 UI 元素。
  - 使用 widget designer 绘制 UI 元素。
  - 通过设置蓝图显示 GUI。
- 创建 widget 蓝图来更改 GUI 中的值。
  - 使用 UI 创建变量跟踪玩家的状态。
  - 检索变量来更改 UI 的外观。

3.1 使用 UMG 创建简单的 UI

为了创建一个 **HUD**（**Heads-up Display**）用于显示玩家当前的血条、体力和弹药数值，我们首先需要在玩家角色中创建可以追踪这些数值的变量。为了达到这个目的，打开 **Blueprints** 目录下的 **FirstPersonCharacter** 蓝图，在这个蓝图中，我们将要定义代表玩家状态的变量。这些状态是玩家和游戏的重点。在蓝图编辑器的**我的蓝图**面板中找到**变量**分类，单击加号（+）创建变量，重命名为 **PlayerHealth**，然后选中这个变量，在**细节**面板中将变量类型改为**浮点型**。

同样地，确保勾选了可编辑，以便其他蓝图和对象可以对这个变量进行操作。当变量可编辑时，在我的蓝图中该变量名称的右侧会有一个黄色的睁开的眼睛。

按照上面的步骤创建第 2 个浮点型变量 **PlayerStamina**。然后创建第 3 个变量，但是这次的变量类型为整形（**Integer/Int**），重命名为 **PlayerCurrentAmmo**。最后，创建第 4 个变量，这个变量类型为整型，命名为 **TargetKillCount**。关于玩家的相关变量名的最终结果如图 3.1 所示。

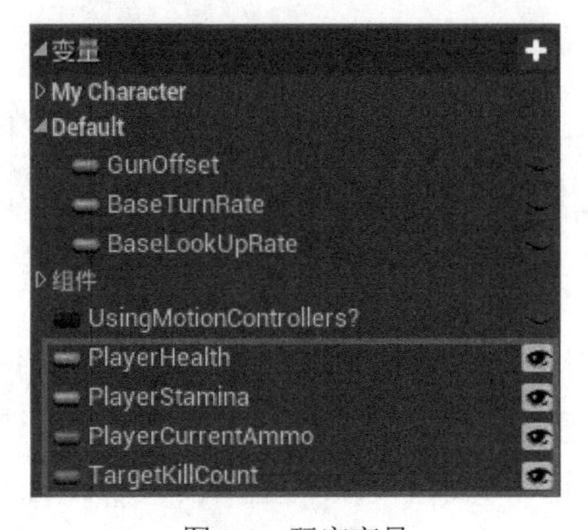

图 3.1 玩家变量

现在，我们需要为 4 个新的变量设置默认值。编译蓝图后，单击变量，在细节面板中找到默认值区域，设置 **PlayerCurrentAmmo** 为 30，设置 **TargetKillCount** 为 0，当然也可以将它们设置为其他更为合适的数值。将 **PlayerHealth** 和 **PlayerStamina** 的默认值都设为 1，这样在 UI 上展示的血条或体力值是从 0 至 1 之间变化的。将默认值设置完成后，编译并保存蓝图。

3.1.1　使用蓝图控件绘制形状

由于 FPS 模板默认没有 UI 元素，我们需要新建一个文件夹来存储 GUI 内容。返回到 **FirstPersonExampleMap**（即 UE4 关卡编辑器），找到内容浏览器面板。打开 **First PersonBP** 文件夹，在空白处单击鼠标右键，选择创建新文件夹并重命名为 **UI**。

打开刚创建的 **UI** 文件夹，空白区域单击鼠标右键，选择**用户界面**（**User Interface**）>>控件蓝图（**Widget Blueprint**，并重命名为 **HUD**。双击新创建的蓝图，打开 UMG 编辑器。我们将使用这个工具来设计游戏中的 UI。

在 UMG 编辑器中找到**控制板**（**Palette**）面板，展开**面板**（**Panel**）分类。这时，用户可看到一系列的容器列表。这些容器可以用来组织 UI。找到 **Horizontal Box**，选中后将它从**控制板**拖到**层次结构**（**Hierarchy**）中，当拖至对象 **[CanvasPanel]** 上方时松开鼠标按键。

在**层次结构**面板中，一个 **[Horizontal Box]** 对象嵌套在 **[CanvasPanel]** 对象中。我们现在的目标是使用 **[Vertical Box]**、**[Text]**、**[Progress Bars]** 组合创建两个玩家的状态条。最终结果将如图 3.2 所示。

两个 **[Vertical Box]** 分别包含组成玩家状态 UI 的 **[Text]**和**[Progress Bars]**。再回到**控制板**中的**面板**分类，将 **[Vertical Box]** 拖到之前在**层次结构**面板中创建的 **[Horizontal Box]** 上。这一步骤重复两次，就有两个 **[Vertical Box]** 挂在 **[Horizontal Box]** 下。为了将这些东西组织起来，我们需要给它添加标签。选中 **[Horizontal Box]**，观察编辑器右侧的细节面板，在面板顶端的输入框内将 **[Horizontal Box]** 的名称改为 **Player Stats**，如图 3.3 所示。

图 3.2 状态条 UI 的层次结构

图 3.3 修改 [Horizontal Box] 的名称

使用同样的方法，将 **Player Stats** 下的两个 **[Vertical Box]** 重命名为 **Player Stats Text** 和 **Player Stats Bars**。现在到**控制板**的**常见**（**Common**）分类下，找到 **Text box** 和 **Progress Bar**。拖曳两个 **Text box** 到 **Player Stats Text** 对象上，拖曳两个 **Progress Bar** 到对象 **Player Stats Bars** 上。

3.1.2 自定义血条和体力条的外观

现在我们希望调整 UI 元素并且将他们放置在屏幕上。在 **Hierarchy 面板**中选择 **Player Stats** 对象，观察屏幕中心的图形面板，可看到一些通过拖曳可以改变选中对象尺寸的标记点。这表明改变选中对象的尺寸的操作是被允许的。调整元素的大小时，两个**文本**（**Text Block**）和两个灰色的小型进度条附着在屏幕顶端。

在图形视口中，突出显示的大矩形框标示玩家视野的屏幕边界，称为**画布**

（**canvas**）。这就是位于层次面板最顶端的 **[CanvasPanel]** 对象。放置在画布左上角的元素将会在游戏屏幕的左上角呈现。由于我们希望 **health** 和 **stamina** 进度条显示在左上角，先确定选中 **Player Stats** 对象，然后将整个组都移到画布的左上角，移动过程中注意不要触碰到其他对象。

再次回到**层次面板**。选中 **Player Stats** 中的第一个进度条，在细节面板中将它重命名为 **`Health`**。然后在插槽（Slot）分类下找到调整大小的开关，单击 Fill（填充）按钮调整进度条垂直方向的高度。最后，找到 **Appearance** 下的 **Fill Color**（**颜色填充**）和 **Opacity**（**不透明度**），把颜色设置为红色。

现在对玩家的 Stamina 进度条重复上述操作。单击第二个进度条，在**细节面板**中，单击填充并且将进度条名称改为 **Stamina**。在 **Appearance** 中找到 **Fill Color** 和 **Opacity**，将颜色设为绿色。最后，单击 **Player Stats bars**，在细节面板中单击填充按钮，将适配两个进度条的长度。

接下来调整文本，在层次结构面板的 **Player Stats Text** 下，选中第一个文本，将它重命名为 **`Health`**，在插槽的 **Horizontal Align** 属性中选择水平右对齐（**Align Right**）。这样操作可以将文本的位置贴合进度条。如果要改变文本的字体或样式，可以在 **Appearance** 分类的 **Font** 下拉菜单中进行调整。完成了 **Health** 的修改后，接下来就可以选择第二个文本，将它命名为 **`Stamina`**，选择水平右对齐并且调整它的字体或样式，如图 3.4 所示。

最后的微调是调整 UI 与屏幕边缘的锚点（anchor）。由于屏幕尺寸和比例可以进行调整，我们希望 UI 元素可以随着屏幕尺寸的调整仍在同样的相对位置上，锚点（Anchor）用于定义画布上控件的位置，并且可以适配屏幕尺寸。为了给标尺（meters 计量器）创建锚点，选中层次结构面板上的 **Player Stats**，在详细信息（details）面板点开锚点设置。在锚点的下拉菜单中选择第一个选项，一个灰色的矩形出现在屏幕的左上角。选择这个选项将我们的标尺以屏幕左上角为锚点，不论屏幕的分辨率和比例如何，确保 UI 元素始终在屏幕左上角。如果你希望为锚点添加更多的差别，可以调整锚点的变换信息。你也可以拖曳上方的 8 个白色调整区域。

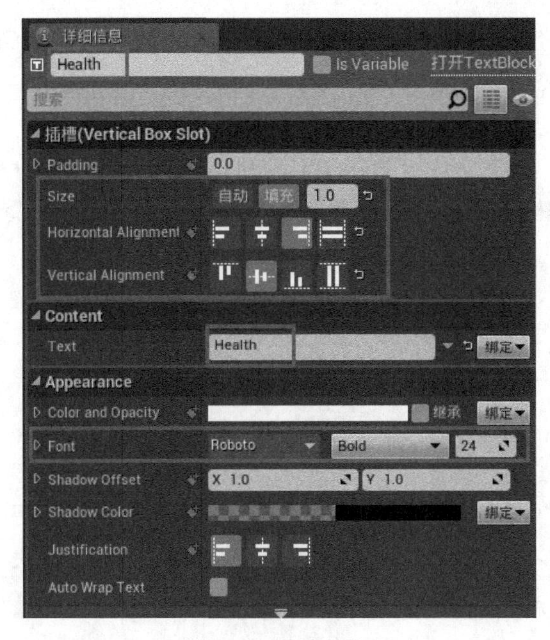

图 3.4　调整文本

现在你可以在 **Canvas** 面板中调整 **Player Stats** 这组 UI 对象的尺寸和位置，最终调整效果如图 3.5 所示。

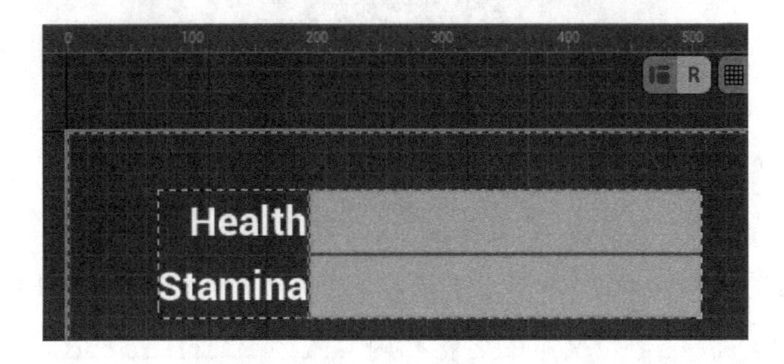

图 3.5　Player Stats 最终效果

3.1.3　创建弹药和敌人计数

既然我们已经显示了 **Player Stats**，现在开始着手弹药的计数和游戏目标显示。这些与 **Player Stats** 的做法类似，只是将进度条替换成使用数值来显示。

为了开始设置，从**控制板**拖曳两个 **Horizontal Box** 对象到 **Canvas 面板**，在细节面板中将他们重命名为 **`Weapon Stats`** 和 **`Goal Tracker`**。

现在拖曳两个 **Text** 对象到 **Weapon Stats** 上。选中第一个 **Text** 对象，在详细面板中将名称和 **Content>>Text** 都改为 **`Ammo:`**（注意包括空格和冒号）。为了确保文本框尺寸与文本匹配，将字体尺寸改为 24。

然后，选中第 2 个 Text 对象，将它重命名为 **`Ammo Left`**。这个值会在使用子弹时改变，但是我们应该先给它一个默认值。由于我们在 **player** 蓝图里将子弹 **ammo** 的值设为 30，所以我们将 **Ammo Left** 的 Text 值也设为 30。

然后，我们需要调整 **AmmoTracker** 的位置。选中 **Weapon Stats** 对象，然后将它拖到 canvas 的右上角。这时需要重新调整 **Weapon Stats** 的尺寸，直到 **Ammo:30** 可以完全正确地显示[①]。最后一个步骤就是需要将 **Weapon Stats** 的锚点设为右上角，即锚点下拉菜单的第一行第 3 个选项。修改后如图 3.6 所示。

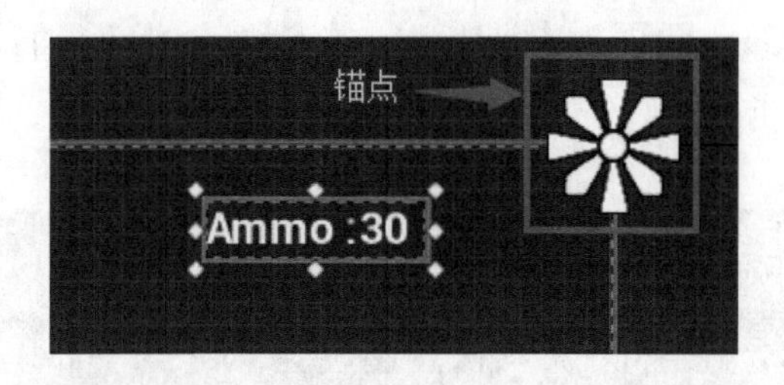

图 3.6 设置 WeaponStats 的尺寸与锚点

对于 **GoalTracker**，可以重复以上流程。拖曳两个 Text 对象到层次结构面板的 **GoalTracker** 上。将第 1 个文本的名称和内容改为 **`Eliminated:`**（同样不要漏了空格和冒号），第 2 个文本对象名称改为 **`Target Count`**，并将它的值设为 0。

游戏目标是玩家最希望了解的游戏信息，可以通过将 **GoalTracker** 的字体设置的比其他 UI 元素大一些来体现。这里将 **GoalTracker** 的两个子文本对象的字体设

① 译者注：将尺寸 X 改为 160 即可。

为 32 号，这样就可以突出显示我们的游戏目标。

最后，调整 **GoalTracker** 对象的位置和尺寸（译者注：尺寸 X 440，尺寸 Y55，X 可以大一些，当目标消灭数量达到两位数时也可以正常显示）。这样可以在 Canvas 上方的中心位置看到文本的全部内容。然后将 **GoalTracker** 的锚点设为 **top center**（上方的中心位置），如图 3.7 所示。

图 3.7 设置 GoalTracker 的尺寸与锚点

UI 元素我们已经按预期制作完毕，现在我们需要学习如何显示 HUD。为此，我们需要再次进入 character 蓝图。

3.1.4 显示 HUD

回到 **UE4** 编辑器，在**内容浏览器>>FirstPersonBP>>Blueprints** 中找到 **FirstPerson Character** 蓝图并打开。在事件图表的空白处单击右键，搜索事件 **`BeginPlay`** 节点，然后放置触发器。

批注

通常情况下，事件 **BeginPlay** 节点会在游戏开始时调用一系列的动作。如果蓝图附加的 **actor** 一开始是不在游戏中显示的，那么它会在 **actor** 生成后立即触发。由于 **FirstPersonCharacter** 对象在游戏一开始就是存在的，将 UI 的蓝图逻辑附加到这个触发器上，可以在游戏开始时就显示 HUD。

从**事件 BeginPlay** 节点的输出执行引脚拖出引线，添加一个 **CreateWidget** 节点。在这个节点中，有一个标签为 **Class** 的下拉菜单。这里可以连接我们之前创建的控件蓝图，如图 3.8 所示。

图 3.8　创建 HUD 控件

尽管当游戏开始时生成了一个控件蓝图，我们还需要将它显示在屏幕上。添加一个 **Add to Viewport** 节点，按图 3.9 所示连接好，并添加注释，如图 3.9 所示。

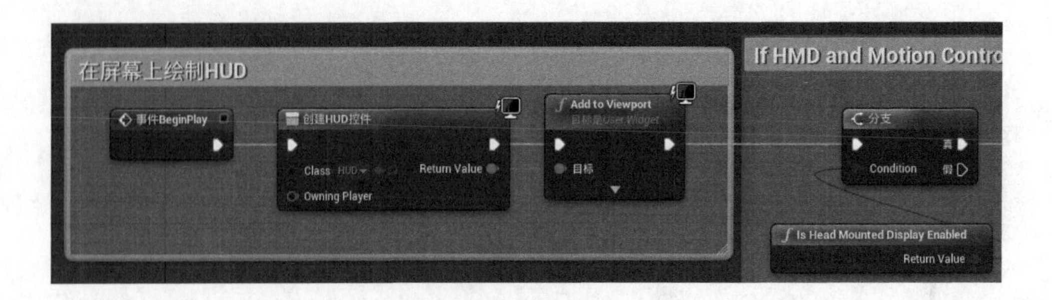

图 3.9　在屏幕上绘制 HUD

现在编译、保存，然后单击播放按钮来测试游戏。测试时，我们将看到两个进度条/条状物，它们代表玩家的 **health** 和 **stamina**，同样地，数字计数器记录着子弹和消灭目标的数量。但是当进行射击时，这些 UI 元素值没有改变！我们将在下一节完成这部分交互。

3.2 关联玩家变量与 UI 元素值

为了使我们的 UI 元素能够获取玩家的变量值，需要到**内容浏览器>>UI**，再次打开 HUD 控件蓝图进行设置。

3.2.1 为 health 和 stamina 创建绑定

为了让 UI 元素显示的数据与玩家 player 状态保持更新，我们需要创建一个绑定。绑定操作将蓝图的函数和属性赋予控件，当属性或函数更新时，这些改变的值将在控件中自动更新。因此，当玩家受伤需要改变血条的显示时，不是手动地去改变玩家状态和控件的显示，而是将血条 UI 与玩家的 **health** 变量绑定。这样当 **health** 变量的值改变时，UI 显示的 health 值也会更新。

在 HUD 蓝图编辑器中，选中层次面板中的 **Health Bar**，在详细信息面板中找到 **Progress** 属性分类，在这个分类下，绑定 **Percent** 属性，单击下拉菜单，创建绑定，如图 3.10 所示。

图 3.10 为 Health Bar 创建绑定

在 HUD 编辑器的右上角将**设计师**视图切换到**图表**视图，如图 3.11 所示。

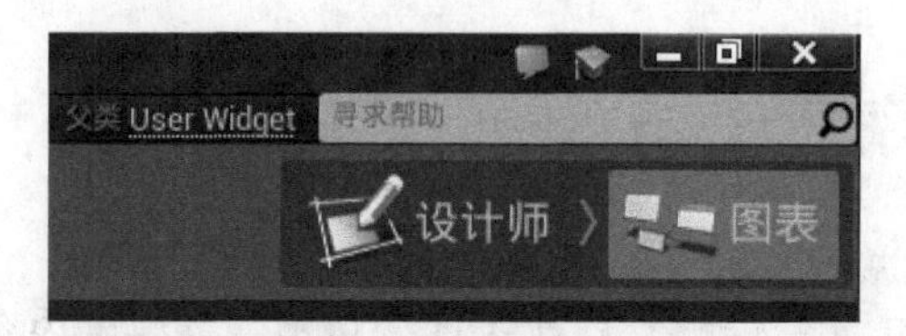

图 3.11 从设计师视图切换到图表视图

在我的蓝图>>函数分类下已经创建好了一个函数，允许我们建立一个进度条与玩家 **health** 变量的关联。在函数图表的空白处单击鼠标右键，添加一个 **Get Player Character** 节点。从 **Return Value** 输出引脚拖出引线，添加一个**类型转换为 FirstPersonCharacter（Cast to FirstPersonCharacter）**节点并与之相连接。断开 **Get Health Bar Percent 与返回节点**之间的连线，将 **Get Health Bar Percent** 与类型转换节点的执行引脚相连，如图 3.12 所示。

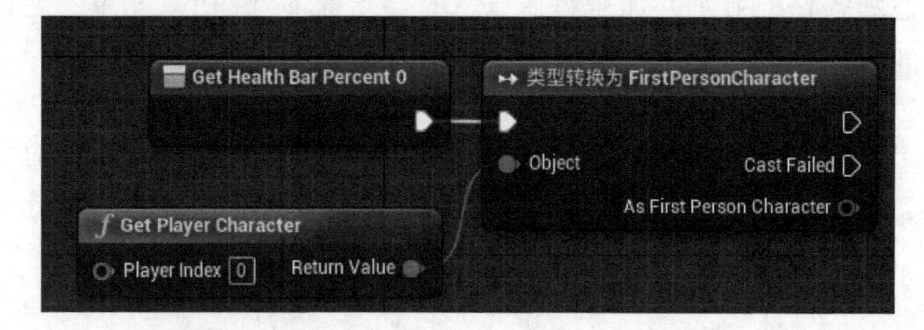

图 3.12 连接 Get Health Bar Percent 与类型转换节点

> **批注**
>
> 这个节点组合将在 HUD 蓝图类中检索玩家角色。然而，在 FirstPersonCharacter 蓝图中，我们为玩家角色创建的任何自定义的函数或变量将仍然禁止访问角色，直到我们将玩家角色对象转换为 FirstPerson Character 蓝图。记住：类型转换操作用于检查和确保输入对象是希望转换成的特殊对象。因此，前面的节点组合重点提出：如果玩家角色是一个第一人称角色（FirstPersonCharacter），则允许我们访问 First PersonCharacter 函数和变量并绑定到那个玩家角色。

下一步，从 **As First Person Character** 输出引脚拖出引线，添加一个**获得 Player Health（Get Player Health）**节点。最后，将**类型转换为 FirstPersonCharacter** 节点的输出执行引脚与**返回节点**相连接，如图 3.13 所示。

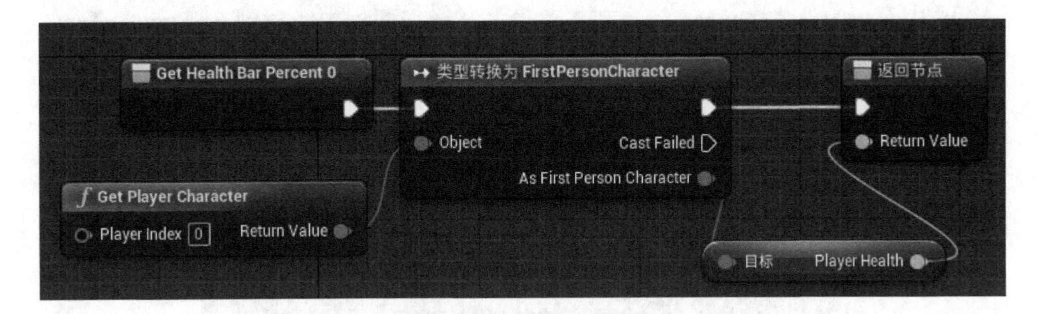

图 3.13 连接返回节点

以上操作就是连接玩家 **health** 变量与 UI 中 **health** 进度条的所有操作。对于玩家的 **stamina** 变量，我们也进行相同的操作。单击 HUD 蓝图编辑器右上角的**设计师**按钮切换到 **Canvas** 视图，然后在层次结构面板中选中 **Stamina Bar**，在详细信息面板>>**Progress**>>**Percent** 中，创建绑定用来连接 **FirstPersonCharacter** 的变量 **Player Stamina** 与进度条，如图 3.14 所示。

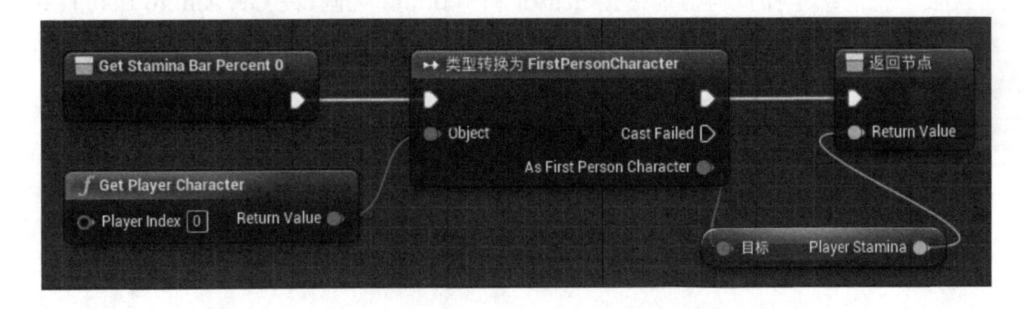

图 3.14 创建变量 Player Stamina 与进度条的连接

编译并保存后，单击按钮开始测试。这时，**health** 与 **stamina** 进度条分别为红色和绿色。下一步就是绑定 **ammo count** 和 **goal counters**。

3.2.2 制作文本绑定

单击HUD蓝图右上角的**设计师**按钮，再次回到**Canvas**界面。现在，我们在层次结构面板中选中**Ammo Left**文本对象，在详细面板中，找到**Content>>Text**，单击**绑定**按钮创建绑定，如图3.15所示。

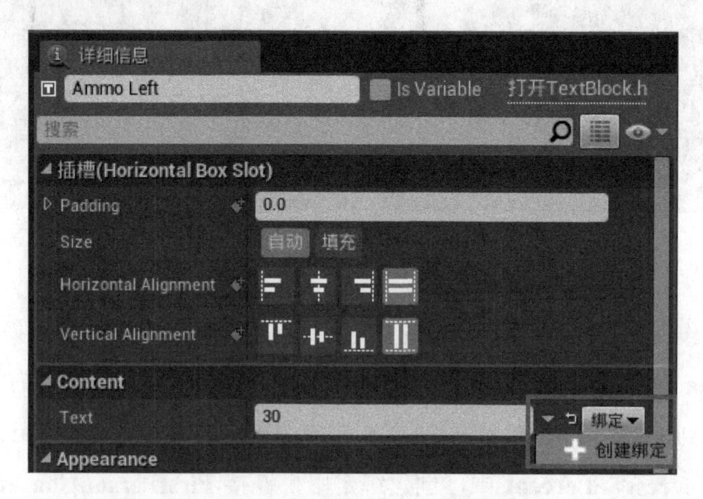

图3.15 创建Ammo Left文本的绑定

接下来的绑定操作与之前绑定**health**和**stamina**类似。在**Get Ammo Left Text**图表视图中，创建**Get Player Character**节点，类型转换为**FirstPersonCharacter**节点，然后将引脚**As First Person Character**与**Get Player Current Ammo**连接。将**Player Current Ammo**输出引脚直接与**返回节点**相连接时，会自动添加并连接**To Text (Int)**节点。这是因为虚幻引擎在屏幕上以文本的方式显示一个数值前，首先需要将数值转换为文本，这样控件才能正确显示，如图3.16所示。

最后一个是为**GoalTracker**目标计数创建绑定。单击HUD蓝图右上角**设计师**按钮回到设计师视图，在**层次结构>>GoalTracker**下选中**TargetCount**，找到**详细信息>>Content>>Text**右边的**绑定**按钮创建绑定。与之前的步骤一样，创建蓝图获取玩家，将类型转换为**FirstPersonCharacter**，将变量**Target Kill Count**节点与**类型转换节点**和**返回节点**连接。同样地，**Target Kill Count**节点与返回节点间会自动

生成一个 **To Text（int）** 节点，如图 3.17 所示。

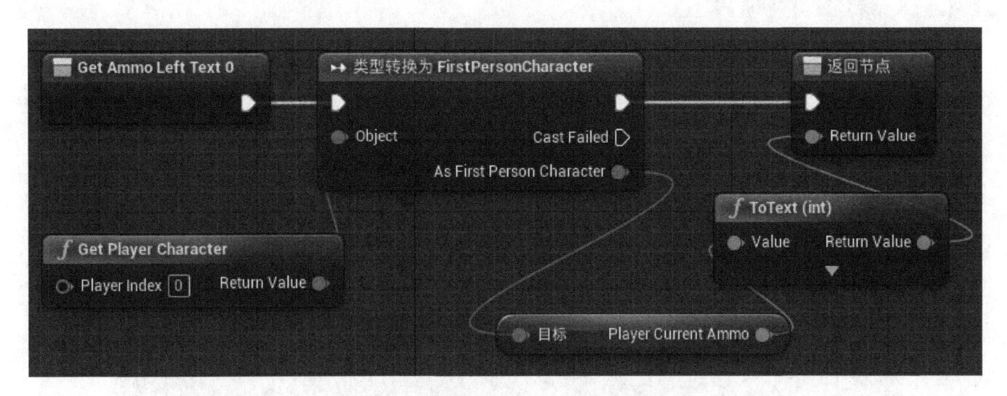

图 3.16 创建 Current Ammo 的绑定

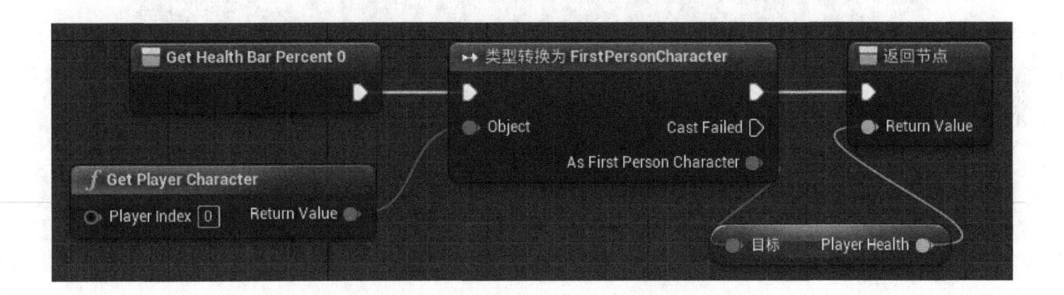

图 3.17 创建 Target Count 的绑定

现在已经成功地将 UI 元素与玩家变量绑定完毕，记住做好编译保存。因为绑定了 UI 元素，它们应该在游戏中反映一些信息，我们还需要创建事件来触发变量的改变。在下一小节中，将根据玩家游戏过程中的事件来改变玩家变量。

3.3 获得子弹和摧毁目标的信息

为了让 UI 元素能够反映玩家在游戏世界中的交互信息，我们需要修改控制玩家和目标的蓝图。首先获取玩家在射击时子弹计数（ammo counter）递减的信息。

3.3.1 减少子弹计数

FirstPersonCharacter 蓝图管理玩家的开火信息，在**内容浏览器>>FirstPersonBP>> Blueprints** 文件夹下找到 **FirstPersonCharacter** 并打开，找到注释为 **Spawn projectile** 的蓝图模块。由于需要在射击一次之后对当前弹药数量值减 1，我们对这个蓝图模块做如图 3.18 所示的连接。

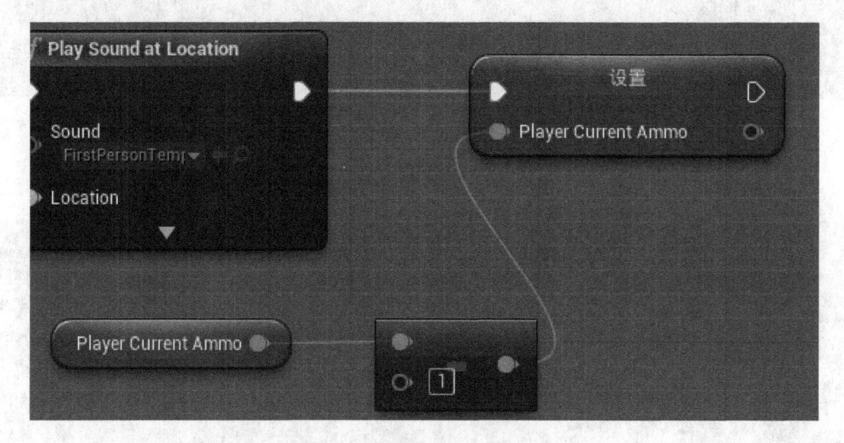

图 3.18 子弹射击数量减 1

编译保存，单击**播放**按钮进行测试，你会发现现在射击一次，子弹的数量会减 1[①]。

3.3.2 增加已摧毁物体的计数

当我们摧毁一个目标圆柱体时，需要增加已摧毁物体的计数。同样地，在内容浏览器的蓝图文件夹下找到 **CylinderTarget_Blueprint** 并打开。断开 **Spawn Emitter at Location** 与 **Destroy Actor** 节点之间的连线，将 **Destroy Actor** 节点暂时拖到右边的空白处后，需要在这两个节点之间添加一些节点，新增的一系列节点将从玩家角色中获取当前已摧毁目标计数，并当摧毁目标时进行加 1 操作，如图 3.19 所示。

① 译者注：确保 FirstPersonCharacter 蓝图和 HUD 蓝图的 PlayerCurrentAmmo 默认数值都为 30。

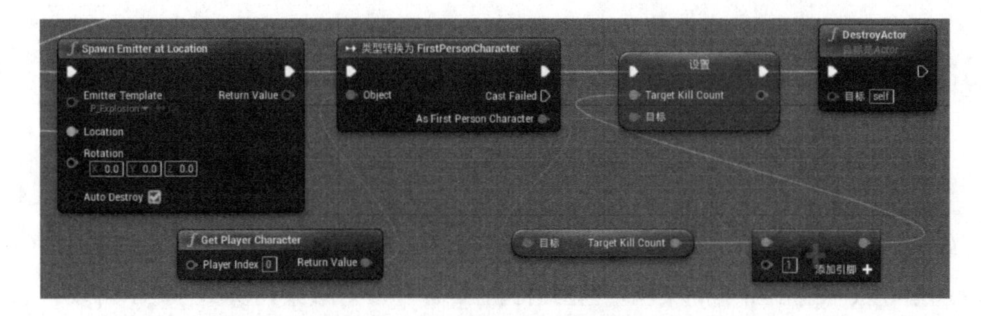

图 3.19 摧毁目标计数加 1

Target Kill Count 是 **FirstPersonCharacter** 蓝图的一个变量，所以就像在本章前面讲到的一样，我们需要获取玩家角色对象，然后将它类型转换为 **First-PersonCharacter**，获取一个玩家角色节点，然后将 **Return Value** 引脚与 **Cast to FirstPersonCharacter** 节点连接。

从 **As First Person Character** 引脚拖出引线，与 **Get Target Kill Count** 节点连接。从 **Get Target Kill Count** 节点的输出引脚与 **Int + Int** 节点连接，确保 **Int + Int** 节点的数值加 1。将 **Int + Int** 节点输出引脚与 **Set Target Kill Count** 节点连接。最后确保连线与图 3.19 一致[①]。

编译保存，单击**播放**按钮进行测试，可以看到，当摧毁一个目标圆柱体时，已摧毁目标计数器加 1，如图 3.20 所示。

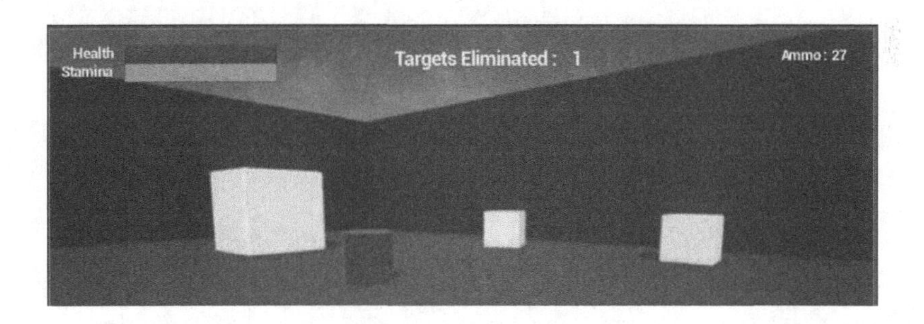

图 3.20 UI 显示效果

① 译者注：有把握的情况下，照着图示连接就可以了，看文字操作步骤有些繁琐。

3.4 小结

在本章中，我们通过制作一个可以获取玩家与游戏世界交互信息的HUD增强了游戏体验。通过这些操作，建立了玩家与游戏的通信。到现在为止，我们已经建立起第一人称射击游戏的架构，包括射击、目标和爆炸效果，以及为显示游戏状态的UI。我们从最初交互比较少的测试场景中，已经逐步加入了很多交互。

在下一章中，我们将开始从建设游戏架构过渡到游戏设计部分。任何游戏的核心都是创建玩家们能够获取有趣的游戏体验的规则。虽然目前游戏中已经能够对射击做出基本的响应，但是整体来看还是缺少一个让玩家完成的终极目标。我们将通过建立一个玩家的胜利条件来纠正这一现状，同时提供额外的限制，使得游戏体验的功能更加全面。

第 4 章
创建约束和游戏性对象

在本章中，将为游戏定义一些游戏规则，以便在游戏过程中指导玩家。我们希望玩家能够很快开始游戏，并明确该怎么做才能获胜。游戏的最基本形式可以定义为获胜的条件和玩家为了达到这一条件而采取的步骤。理想地说，我们想要确保玩家朝着胜利这一目标走的每一步都是有趣的。

一开始我们会给玩家设置一些限制以增加难度。没有挑战性的游戏很快会变得乏味，因此我们希望确保参与此游戏的每一位技术人员都能为玩家提供有趣的选择或挑战。之后我们会为玩家设定目标，同时对敌方目标进行必要的调整以使达到这一目标更具挑战性。在这个过程中，我们需要完成以下任务。

- 玩家冲刺时体力值下降。
- 玩家子弹打完后无法再开枪。
- 允许玩家拾起弹夹以补充弹药。
- 定义玩家获胜需要消灭的目标数量。
- 设置一个允许玩家在获胜后重玩或结束游戏的菜单。

4.1 限制玩家的行为

在为玩家添加更强大的技能时，需要着重考虑这种技能对于整个游戏挑战和玩家游戏体验的影响。回想一下，我们为玩家添加的按下左 [Shift] 键即可实现的冲刺技能。目前来讲，在移动中按下 [Shift] 键能明显提高玩家移动的速度。但由于这个技能没有加以限制，玩家自然会在每次移动中使用。

这背离了我们添加冲刺功能是想为玩家提供更多选择的目标。如果一个选择是如此诱人以至于玩家会不由自主地一直做这个选择，那实际上等于没有为玩家提供有趣的玩法。从玩家的角度看，我们只是把玩家的基本速度提高到冲刺速度而已。

要想解决目前游戏原型所面临的问题，我们可以对玩家的能力加以限制以增加做决定的可能性。

4.1.1 冲刺时减少体力值

为了对玩家的冲刺技能加以限制，我们需要回到最初定义这种技能的蓝图中。打开位于内容浏览器中的 **Blueprint** 文件夹的 **FirstPersonCharacter** 蓝图。

首先，我们需要设计两个变量来追踪玩家是否在冲刺及冲刺所消耗的体力值。找到**我的蓝图**面板中的**变量**分类，单击 [+] 按钮两次以增加两个新的变量。将第一个变量重命名为 **SprintCost** 并定义为浮点型，一定要勾选**可编辑**旁边的复选框并把变量的默认值设为 0.1[①]。将第二个变量重命名为 **IsSprinting?**，将其定义为布尔型并使其可编辑。编译蓝图后，在用来实现冲刺功能的蓝图节点区域附近找到一些空间，冲刺功能模块的注释为 **Sprint**。

① 译者注：在编译蓝图后可以设置变量默认值。

我们将设计一个**自定义事件**（**custom event**）来使在玩家冲刺中体力值均匀下降。任何另一个蓝图调用该自定义事件的时候，能够触发此事件附属的蓝图。通过这种方式，同一蓝图中的蓝图节点群能够彼此沟通，哪怕它们并非直接相连。

搜索**自定义事件**并添加节点，如图 4.1 所示。将节点放到一个距离 Sprint 蓝图模块较远的位置。选中新创建的自定义事件节点，在细节面板（注：Details 在中文版引擎中有些部分译为细节，有些部分译为详细信息）中修改节点的名称为 **Sprint Drain**。这个名称即自定义函数的名称，后续将被调用和触发。

图 4.1 添加自定义事件

整个蓝图模块如图 4.2 所示[①]。

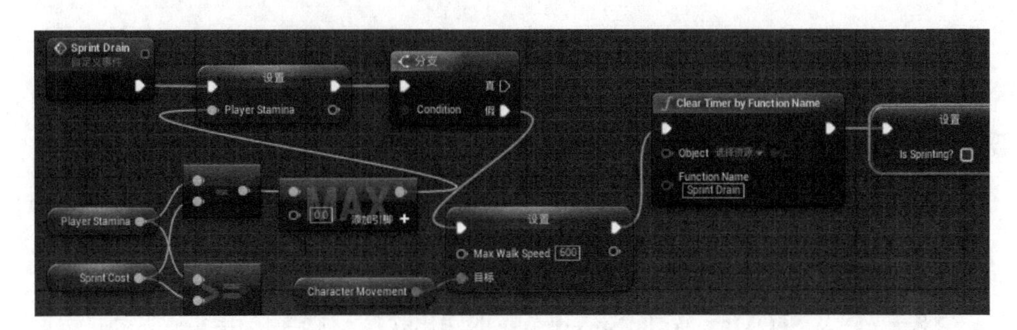

图 4.2 冲刺时减少体力值模块

首先，从 **Sprint Drain** 事件节点拖出引线并添加 **Set Player Stamina** 节点。接下来，从 **Player Stamina** 输入引脚拖出引线与 **Max (Float)** 节点连接。**Max (Float)** 节点将输出最大值给输入引脚。我们需要确保玩家的体力始终大于 0，所以将其中一个引脚的值保留为 0.0，从另一个引脚拖出引线并添加一个 **Float-Float** 节点。从 **Float Float** 节点的其中一个引脚拖出引线并添加一个 **Get Player Stamina** 节点。

① 译者注：你可以先按图示连接蓝图。

Float-Float 节点的另一个引脚将用于冲刺时减少体力值（stamina）。我们可以给这个引脚写入一个确定的数值。然而，如果想要通过冲刺来减少体力值，我们需要打开 HUD 蓝图并找到相应的节点，并且时刻调整 **stamina** 文本中显示的数值。一个更好的方法是使用一个自定义的公有变量（public variable），将它添加到 **Float-Float** 节点的一个引脚。这样可以持续地微调减少体力的数值，而不需要进入 HUD 蓝图编辑器界面。因为我们已经创建了冲刺消耗体力值（sprint cost）和检查体力是否正在消耗的变量。在这里将使用 **sprint cost** 变量。将 **sprint cost** 变量与 **Float-Float** 节点的另一个引脚连接。

当玩家的体力值（**Stamina**）为 0 时，限制冲刺功能并停止减少体力值。从 **Set Player Stamina** 节点的输出执行引脚拖出引线与**分支**节点相连。从分支节点的 **Condition** 输入引脚拖出引线与 **Float >= Float** 节点相连。并将 **Float >= Float** 节点的输入引脚与 **Get Player Stamina** 节点和 **Get Sprint Cost** 节点相连。这将判定玩家是否有足够的体力值进行冲刺。

当玩家没有足够的体力 stamina 来消耗时，需要强制使玩家回到行走状态、清除计时器并调用**自定义事件 Sprint Drain**。搜索 **Get Character Movement** 并添加节点，从该节点中拖出引线，搜索并添加 **Set Max Walk Speed** 节点与之相连，将 **Set Max Walk Speed** 节点的值设为默认值 600，然后将输入引脚与**分支**节点的 **False** 输出执行引脚连接。

接下来，从 **Set Max Walk Speed** 节点的输出执行引脚拖出引线，搜索并添加 **Clear Timer by Function Name** 节点，在 **Function Name**（函数名）框内输入“Sprint Drain”。这样就能与自定义事件 **Sprint Drain** 建立连接。最后，在 **Clear Timer by Function Name** 节点后添加一个 Set Is Sprinting? 节点，并确保复选框处于未勾选状态。

现在选中这个蓝图模块中的所有节点并创建注释：**Sprinting Drains Stamina by Sprint Cost**。下一步将通过蓝图中新的自定义事件来管理冲刺功能，请大家记住及时编译和保存蓝图。

4.1.2 使用循环计时器来重复动作

现在，需要自定义我们的 **sprint** 蓝图模块来触发自定义事件 **Sprint Drain**。这样当玩家冲刺时玩家的体力值 **stamina** 会减少，如图 4.3 所示。

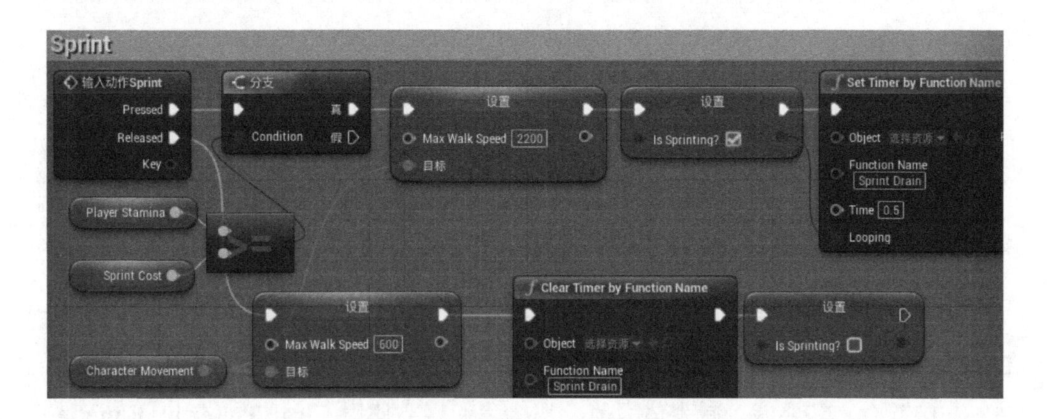

图 4.3 使用循环计时器来重复动作

从设置 Max Walk Speed 为 2000 的输出执行引脚拖出引线，添加一个 **Set Is Sprinting?**节点，并将 **Set Is Sprinting?** 节点的复选框勾上，当玩家冲刺（sprinting）时将节点的布尔值设为真。接下来我们需要确保当左 [shift] 键按下时体力值会持续地减少，如图 4.4 所示，设置一个计时器。

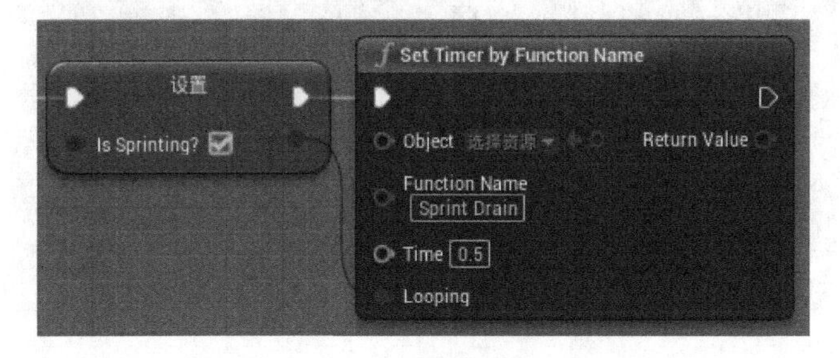

图 4.4 设置计时器

计时器允许我们设定计时时长，在计时完毕后进行一个动作或者重复性地触发事件。这里我们用计时器来周期性地调用 **Sprint Drain** 函数。

从 **Set Is Sprinting?** 执行输出引脚拖出引线，添加一个 **Set Timer by Function Name** 节点[①]，将 **Function Name** 输入框区域输入“Sprint Drain”来调用自定义事件 **Sprint Drain**。

计时器节点的第 2 个输入框为 Time，其决定了自定义事件 **Sprint Drain** 调用的频率。输入 0.5（或.5）可以让 Sprint 值的减少效果明显且平滑。如果觉得需要频繁使用这个数值，可以创建一个浮点型变量，然后与输入引脚相连，例如我们之前创建的 **Sprint Cost** 变量。最后从 **Set Is Sprinting?** 节点的红色输出引脚拖出引线与计时器节点的 **Looping** 输入节点连接，每当布尔变量 **Set Is Sprinting?** 的值为**真**的时候调用自定义事件 **Sprint Drain**。

随着上面设置步骤的完成，这个函数现在将确保每 0.5 秒，从玩家体力值（Player Stamina）减少 **Sprint Cost** 变量值（0.1）的体力[②]（见图 4.5）。然而，在玩家松开左 [shift]键时，需要停止减少体力值，那么我们需要使用 **Clear Timer by Function Name** 节点，如图 4.6 所示。

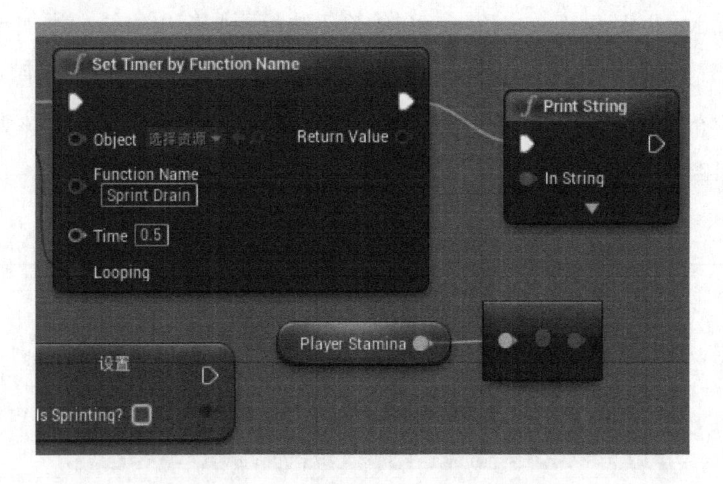

图 4.5　在 sprint 模块后添加输出调试节点

① 译者注：原文为 Set Timer 节点，由于作者使用的是 4.5 版本，而译者在翻译时使用的是 4.12.5 版本。

② 译者注：大家可以将 Player Stamina 调用 Print String 方法来进行测试，查看按下左 [shift] 键时 Player Stamina 的值是否持续减少，如图 4.5 所示。

从设置 **Max Walk Speed（600）**节点的输出执行引脚拖出引线，添加 **Clear Timer by Function Name** 节点，**Clear Timer by Function Name** 节点将会根据给出的函数来停止计时器，在 Function Name 输入框内输入“Sprint Drain”。在最后连接一个 **Set Is Sprinting?**节点，并取消勾选复选框。

小贴士

可以使用 Pause Timer by Function Name 节点代替 Clear Timer by Function Name 节点。当计时器再次启用时，它将从上次暂停的时间开始计时。所以，如果你设定的计时器周期为 10 秒，当你计时到 5 秒时暂停，使用 Pause Timer by Function Name 节点时，再次启用计时器时，计时器将从第 5 秒开始计时，而不是从头开始。

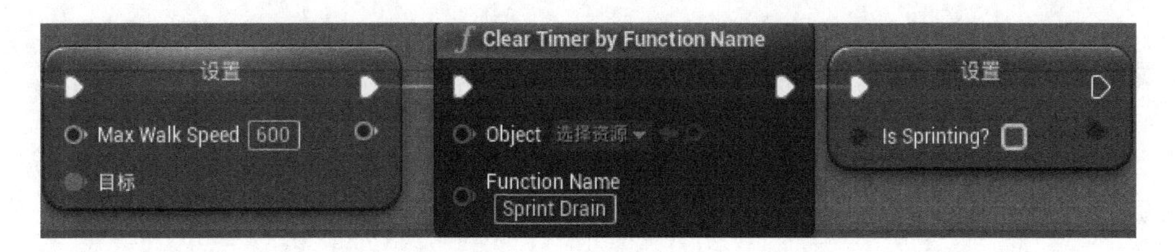

图 4.6 使用 Clear Timer by Function Name 节点

编译保存，并测试游戏。在关卡中加速冲刺时，玩家体力值 **player stamina** 在左 [shift]键按住时一直减少。下一步限制冲刺的操作是在玩家的体力值 **stamina** 耗尽时，不能够进行冲刺。

4.1.3 使用分支节点将动作模块化

为了使当玩家在没有足够体力时不能够进行冲刺，可以在自定义事件**输入动作 Sprint** 后面添加一个**分支**节点。找到自定义事件**输入动作 Sprint** 节点，断开它与 **Max Walk Speed** 节点的连接。连接**分支**节点的输入执行引脚与 **Pressed** 输出执行引脚，并将**分支**节点的 **True** 输出执行引脚与 **Max Walk Speed** 节点的输入执行引脚相连。现在分支节点已经创建，还需要连接 **Condition** 引脚，当左 [shift]键按下时通过 True 引脚持续改变速度。

从**分支**节点的 **condition** 引脚拖出引线，添加一个 **Float >= Float** 节点。添加**获得 Player Stamina** 节点和**获得 Sprint Costs** 节点，按图 4.7 所示连接。

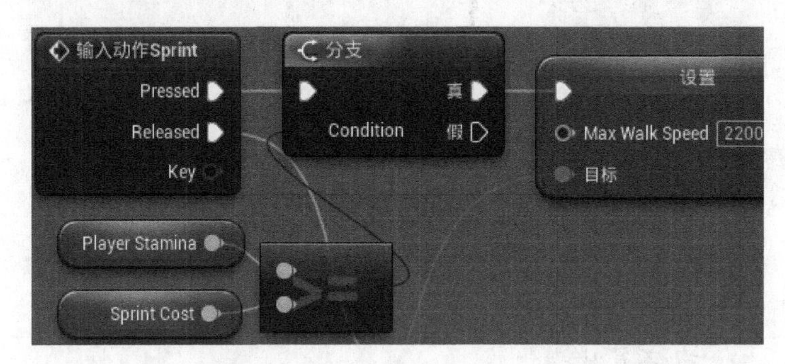

图 4.7 添加分支、Player Stamina、Sprint Costs 节点

4.1.4 重新生成 stamina

我们需要创建的最后一个关于体力值和冲刺的元素，就是在后台重新生成体力值 stamina。这样当体力值耗尽时，玩家可以重新恢复体力。为了做到这个效果，需要使用**事件 Tick** 触发器来定期逐渐地增加体力值 **stamina**。

如图 4.8 所示，我们先在图表空白处添加一个**事件 Tick** 节点，再添加一个**分支**节点与之相连。然后拖曳一个 **Is Sprinting?** 变量节点与分支节点的 **Condition** 引脚连接。

由于**事件 Tick** 每帧都会触发，我们希望每隔一段固定的时间之后再触发事件。为了做到这一点，需要使用 **Delay** 节点。从**分支**节点的**假**引脚拖出引线与 **Delay** 节点连接，设置 **Delay** 节点的 **Duration** 值为 1。这样就确保每过 1 秒才会恢复体力值。

接下来，拖曳 **Player Stamina** 变量至蓝图图表，创建一个**设置**节点，将这个节点与 **Delay** 节点的输出执行引脚连接。从**设置**节点的输入引脚拖出引线，创建一个

Min (Float) 节点与之相连。**Min (Float)** 节点取输入值的较小者作为输出，由于我们希望 stamina 进度条的值为 0 到 1 之间，并确保它不超过 1，因此在节点的其中一个引脚输入 1。

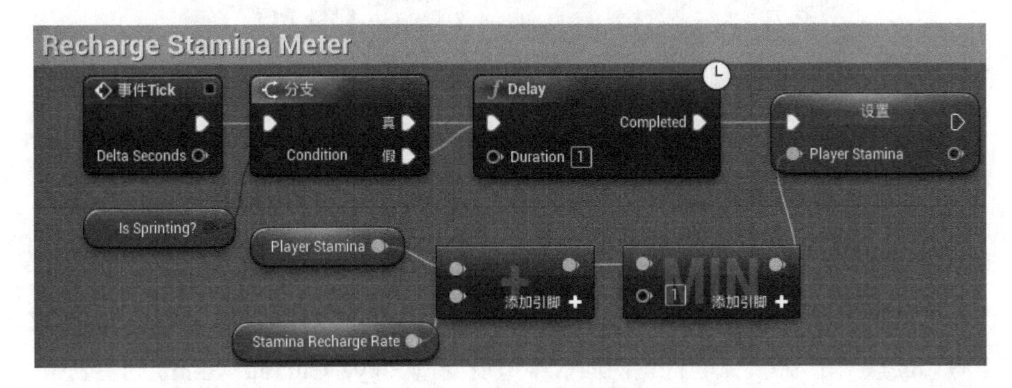

图 4.8　恢复体力值蓝图

现在从 **Min (Float)** 节点的另一个输入引脚拖出引线，添加一个 **Float + Float** 节点与之相连。添加一个**获得（Get）Player Stamina** 节点与 **Float + Float** 节点的其中一个输入引脚连接，由于我们需要定义一个恢复体力的速度，在**我的蓝图**面板中创建一个变量，重命名为 **StaminaRechargeRate**，将它的类型设为**浮点型**，勾选**可编辑**复选框，编译后将它的默认值设为 0.05。最后，将变量拖曳到图表中，添加一个**获得 Stamina Recharge Rate** 节点与 **Float + Float** 节点相连。

编译保存，测试游戏。这样体力值耗尽时停止冲刺，直到通过恢复体力效果将体力值恢复时，才可以再次进行冲刺。

4.1.5 当弹药耗尽时停止开火动作

接下来要对玩家的功能做一些限制，当玩家开火消耗子弹，将子弹计数（ammo account）减少到 0 时，限制玩家开火。为了制作这一功能，找到控制开火功能的蓝图模块。这一蓝图模块的注释为 **Spawn projectile**。我们在**输入动作 Fire** 触发器后添加一个分支节点，如图 4.9 所示。

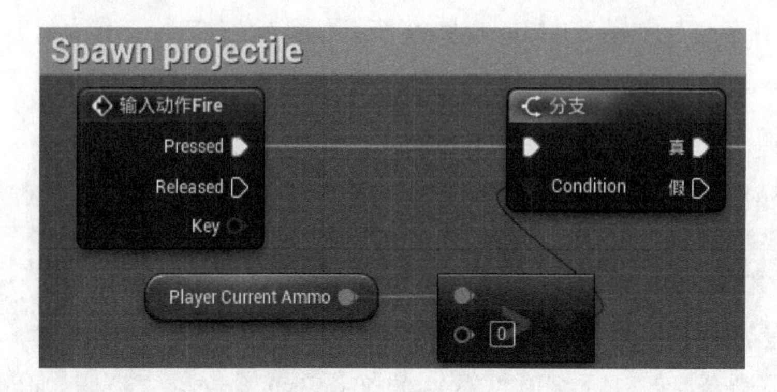

图 4.9 弹药耗尽时阻止开火

断开**输入动作 Fire** 节点与 **Montage Play** 节点之间的连线，然后添加一个**分支**节点串联这两个节点。从我的蓝图面板中拖曳变量 **PlayerCurrentAmmo** 到图表中，选择获得选项来得到 **PlayerCurrentAmmo** 节点。从这个节点的输出引脚拖出引线，添加一个 **Integer > Integer** 节点，将 **Integer > Integer** 节点的另一个引脚的值设为 0，并将它的输出引脚与**分支**节点的 **Condition** 引脚连接。

编译保存，测试游戏。这时，当子弹消耗完毕、计数 **ammo account** 为 0 时，玩家就不能开枪了。

4.2 创建可收集物品

当设置了玩家的弹药打光时限制开枪功能时，玩家就会进行更精准的射击以节省弹药。然而，限制弹药可以，如果还不能补充弹药，这样的做法就有点过分了。我们也不希望弹药像玩家体力值 stamina 那样可以自动恢复。因此，创建可收集物品，允许玩家在关卡中探索和过关时重新获得弹药。

创建收集逻辑

为了创建可收集物品，首先我们希望创建一个新的蓝图。这个蓝图将定义可收集物品的属性。在**内容浏览器**中打开蓝图文件夹 FirstPersonBP。添加新的蓝图类，父类选择为 Actor，将蓝图重命名为 **AmmoPickup**，双击蓝图打开该蓝图的编辑器。

在视口标签中，我们会看到一个小白球。这是在未给空 Actor 的赋予网格时，默认的外观。为了给物品一个在游戏中可见的形状，首先我们需要给蓝图添加一个 **Static Mesh** 组件。找到组件面板，单击**添加组件**并选择 **Static Mesh** 选项。

在新添加的 **Static Mesh** 的细节面板中，找到 **Static Mesh** 分类，现在看到的是 None，表示没有添加 Static Mesh 资源。为了添加与这个蓝图有关的 **Static Mesh** 资源，我们需要给组件选定网格对象。

单击 Static Mesh 的下拉菜单，然后单击底部靠右的按钮**视图选项**（**View Options**）。在弹出的菜单中，确保勾选了**显示插件内容**和**显示引擎内容**。这个操作保证了项目资源包括了安装插件中的内容和引擎自带的默认内容，如图 4.10 所示。

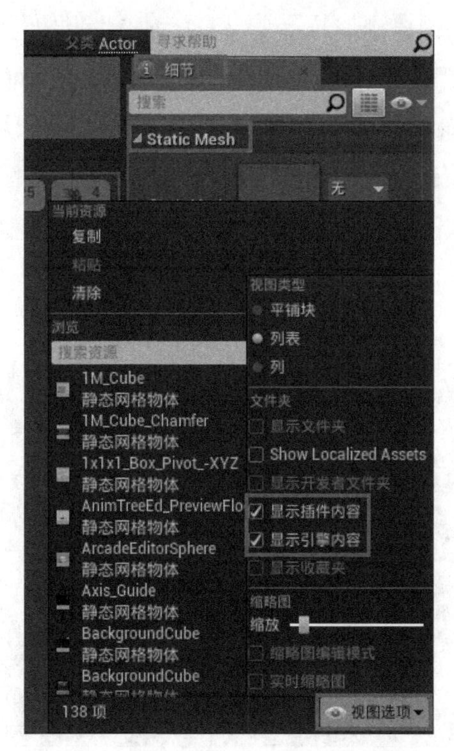

图 4.10　勾选显示插件内容和显示引擎内容

由于我们勾选了显示引擎内容，现在可以正确搜索引擎资源，搜索 **Shape_Pipe** 并添加。这个网格并不是专门用来做子弹收集物的，但是这个对象可以用到我们的项目中。在 **Static Mesh** 分类正下方，找到 **Materials** 分类，给他添加一个 **M_Door** 的材质。最后，将它的变换属性中的缩放值设为原来的一半，x、y、z 均设为 0.5。

小贴士

设计一个游戏的原型时，用的最多也最有效的方法是使用现有的素材，而不是在找资源上花费太多时间。这将使你更加专注游戏的机制，而不是花费太多时间在美术资源上。如果游戏机制被策划毙掉，美术资源也会被遗弃。

添加网格后，我们需要添加某个类型的碰撞器，以便其他对象，如玩家角色，可以与可拾取物品进行物理交互。在**组件**面板中，选中 **StaticMesh** 组件，单击**添加组件**并添加一个 **Capsule Collision** 组件。视口面板中将出现细橙色线条，表示胶囊形状碰撞的边界。对于碰撞的位置，旋转和尺度的微小调整将是必要的，以便确保整个网格包含在应该围绕它的碰撞内部。这可以使用视口面板顶部的变换控件或通过使用快捷键 [W]（用于移动），[E]（用于旋转）和 [R]（用于缩放）来完成，如图 4.11 所示。

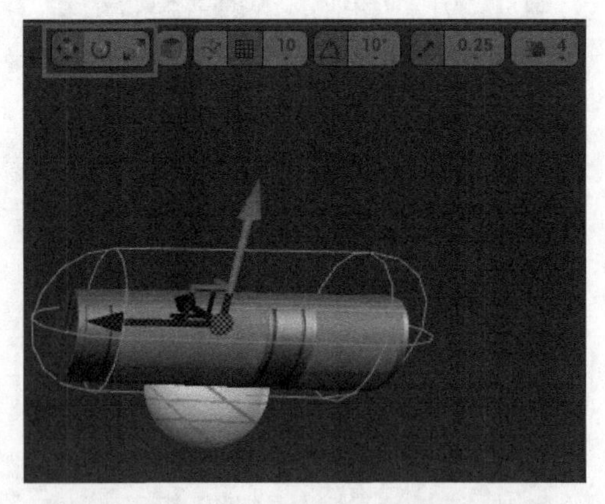

图 4.11 为可拾取物品添加碰撞器并调整

添加网格物体和碰撞器后，单击**事件图表**选项卡，开始向我们的可收集物品添加蓝图逻辑。在**事件图表**选项卡中，通过添加触发器**事件 Actor Begin Overlap** 开始。当附加到此蓝图的对象与任何其他对象发生碰撞时，此触发器将激活后续蓝图节点。在这种情况下，我们希望当玩家走进对象时弹药可以收集，如图 4.12 所示。

图 4.12 当玩家与补给弹药碰撞时进行收集

为了确保补给弹药只有当玩家走过它时激活，并且拾取弹药可以影响玩家的弹药计数器，首先需要确保**类型转换为 FirstPersonCharacter**。将**类型转换为 FirstPersonCharacter** 节点附加到**事件 Actor Begin Overlap** 触发器。最后，将 **Other Actor** 输出引脚连接到转换节点的输入 **Object** 引脚。

现在，当玩家角色走到了可收集对象上时会触发一个事件。当发生这种情况时，我们要向玩家的弹药计数添加弹药。为此，请从 **As First Person Character** 输出引脚拖出一根引线，并将其连接到新的**设置 Player Current Ammo** 节点。接下来，从 **As First Person Character** 输出引脚拖出另一根引线，并将其连接到**获得 Player Current Ammo** 节点。从该新节点拖出输出引脚，并将其附加到 **Int + Int** 节点。接下来，将输出引脚从 **Int + Int** 节点拖回到**设置 Player Current Ammo** 节点的 **Player Current Ammo** 输入引脚。

最后一步是确定在拾取补给弹药时要添加多少弹药。为了允许这个数字是灵活的，让我们创建一个新的可编辑变量称为 **Ammo Pickup Count**。从**我的蓝图**面板中添加此变量，将其设置为 **Int** 类型。确保勾选了 **Editable** 复选框，编译蓝图，然后将变量的默认值设置为 15。最后，拖动 **Get Ammo Pickup Count** 节点并将其附加到 **Int + Int** 节点的底部输入引脚。

接下来，让我们在拾取可收集物品时触发声音并销毁对象本身，如图 4.13 所示。

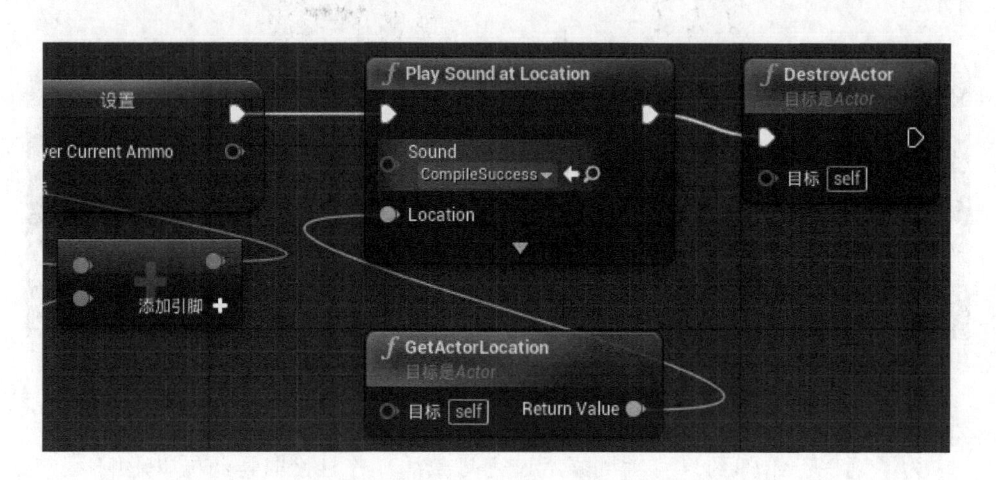

图 4.13 拾取物品时出发声音并销毁对象

添加 **Play Sound at Location** 节点，并将其连接到**设置 Player Current Ammo** 节点的输出引脚。若仅使用引擎中提供的声音，则 **CompileSuccess** 声波可以满足需求。因此，请确保在**视图选项**下检查**显示引擎内容**，如图 4.14 所示，然后从 **Sound** 下拉菜单中选择该文件。

我们想要在弹药拾取的位置触发该声音，因此将 **Get Actor Location** 节点附加到 **Play Sound at Location** 节点的 **Location** 引脚。最后，在末尾添加 **Destroy Actor** 节点，以确保每个可收集物品只能被拾取一次，编译并保存蓝图。

现在返回到关卡，并将 **AmmoPickup** 蓝图拖动到关卡中，在关卡的不同位置放两到三个补给弹药。保存并单击**播放**按钮以测试游戏，应该可以看到每次走到其中一个补给弹药点时，弹药计数器就会增加。

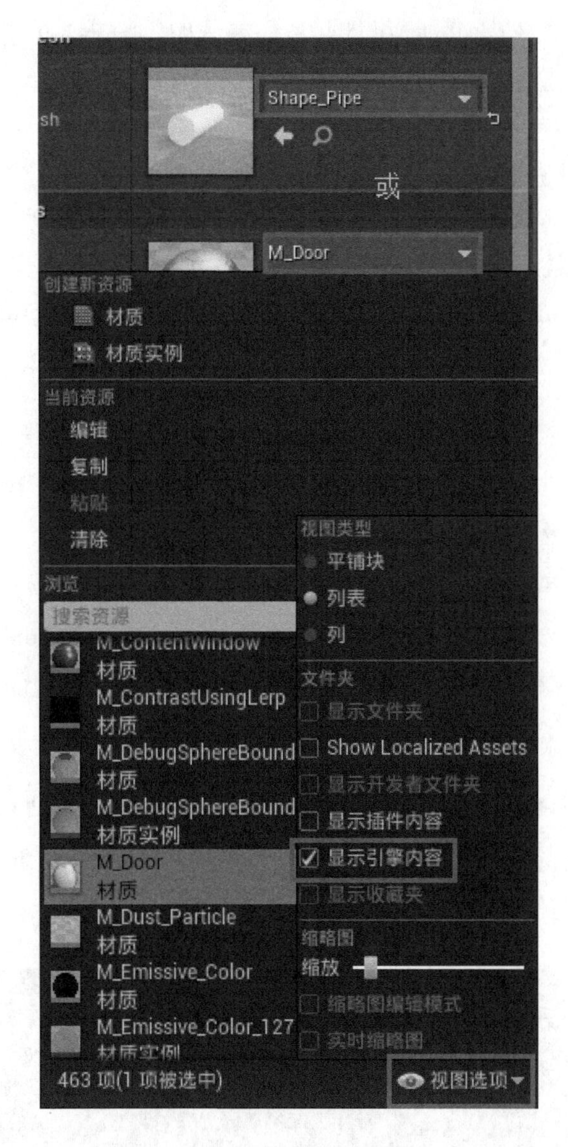

图 4.14 使用引擎提供的声音

4.3 设置游戏胜利条件

建立完整的游戏循环的最后一步是创建一个条件让玩家赢得游戏的胜利。

为了做到这一点，我们将修改 HUD 和控制器蓝图，让玩家必须努力瞄准并击中目标。

4.3.1　在 HUD 中显示目标

首先，我们需要创建一个变量，以确定游戏要求玩家销毁多少目标以实现胜利。打开 `FirstPersonCharacter` 蓝图并创建一个名为 `TargetGoal` 的新变量，使其为 **Integer** 类型，确保选中**可编辑**，然后将其默认值设置为 2。

现在我们已经创建了 target goal 变量，接下来应该将这些信息显示给玩家。打开我们在 UI 文件夹下创建的 **HUD** 控件蓝图。从**设计师（Designer）**视图中，找到**层次结构**面板。从**控制板**面板拖动两个文本对象到层次结构中的 **Goal Tracker** 对象上。对于第一个文本对象，将文本字段更改为 /，包括斜杠之前和之后的空格。对于第二个文本对象，将它重命名为 **Target Goal**，找到文本字段并输入 0。在调整 **Goal Tracker** 对象的大小后，单击其旁边的按钮以创建新的绑定。

现在，查看**图表**视图，选择新的函数 `Get_TargetGoal_Text_0`。类似于我们在第 3 章中创建的其他 HUD 绑定，我们需要从 **FirstPersonCharacter** 蓝图获取目标目标变量并在此函数中返回该值，如图 4.15 所示。

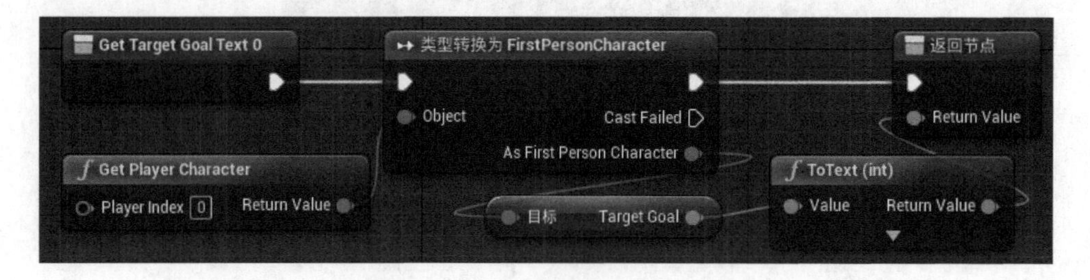

图 4.15　函数 Get Target Goal Text

创建一个 **Get Player Character** 节点并将其输出引脚拖放到**类型转换为 First Person Character** 节点上。从类型转换节点的 **As First Person Character** 输出引脚

中拖出引线，并将其附加到**获得 Target Goal** 节点。接下来，将 **Target Goal** 节点输出引脚拖动到**返回节点**的返回值输入引脚。最后，连接**类型转换为 FirstPersonCharacter** 节点和**返回节点**的执行引脚。

编译保存，并测试游戏。当目标被销毁时，目标计数器就会增加，而显示在其右侧的显示的目标编号不变。现在，我们需要确保玩家在达到目标时获得反馈。

4.3.2　创建胜利菜单

为了在一旦玩家赢得了游戏时进行反馈，我们将创建一个胜利菜单，用于显示获得胜利需要摧毁的目标数。我们需要另一个控件蓝图来创建菜单，就像 HUD 蓝图一样。导航到**内容浏览器>>FirstPersonBP** 的 **UI** 文件夹，在空白处单击鼠标右键，并在添加菜单中的用户界面下添加一个新的 **Blueprint Widget**。命名此蓝图 **WinMenu**，创建**高级资源**>>**用户界面**>>**控件蓝图**，将它重命名为 **`WinMenu`**。

如图 4.16 所示，我们将为此菜单设置 3 个元素。第一个将是一个简单的文本对象，告诉玩家“**You Win!**”（你赢了）。其他两个元素将是允许玩家重新开始游戏或退出游戏的按钮。首先，将两个 **Button** 对象和一个 **Text** 对象拖动到 **Canvas Panel** 上。接下来，选择文本对象并将其文本字段更改为“**You Win!**”。将字体大小更改为 `72`，将字体颜色更改为浅绿色，然后在画布上调整文本对象大小和位置，使其显示在屏幕顶部中间，但略低于上一章的 HUD 对象。最后，通过从“锚点”选择器中选择第二个选项，将对象锚定到屏幕的中上方。

现在，再拖动一个 **Text** 对象，并将它放在其中一个 **Button** 对象上方（层次结构面板中的上方）。重命名两个 **Button** 对象分别为 **Restart** 和 **Ouit**。更改按钮的大小，使它们的大小与“You Win! ”文本框相同，并将它们堆叠在文本显示下面。将两个按钮锚点均设为屏幕中央。

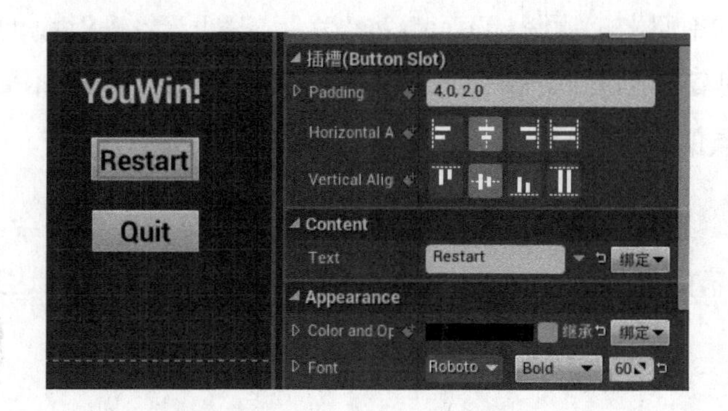

图 4.16 按钮和文本设置

接下来，选择 **Restart** 按钮下的**文本**对象，并将其**文本字段**更改为“**Restart**”。然后，将字体大小更改为 60，将字体颜色更改为黑色，以确保其显示在我们的灰色按钮上。最后，单击水平对齐和垂直对齐设置的第 2 个按钮。对 **Quit** 按钮的 **Text** 对象执行相同的操作，但文本字段应显示文本 **Quit**。

现在我们需要添加在按下按钮时触发的动作。单击 **Restart** 按钮对象，向下滚动到**详细信息**面板的底部，然后单击 **OnClicked** 事件旁边的加号（+）按钮，将添加在单击按钮时触发的事件。

转到**图表**视图，其中将显示 **OnClicked**（**Restart**）节点。将 **Open Level** 节点附加到此。在“关卡名称”字段中输入关卡名称，以确保拼写的准确性。如果读者一直紧跟学习教程，并且没有更改从模板关卡的名称，这将是 **FirstPerson-ExampleMap**。这样做将重新打开关卡，当玩家单击 **Restart** 按钮，将重新打开关卡，重置级别的所有方面，包括目标、可收集弹药和玩家。

打开关卡节点后，添加一个 **Remove from Parent** 节点。这个节点告诉我们的 **WinMenu** 对象停止显示。一旦复位，我们希望菜单消失。

现在返回设计师视图，并单击 **Quit** 按钮对象。单击 **OnClicked** 事件旁边的加号（+）按钮，返回到图表视图。这次使用一个新的 **OnClicked**（Quit）节点。将 **Quit Game** 节点附加到此事件，以便玩家可以通过单击 **Quit** 按钮关闭游戏，如图 4.17 所示。

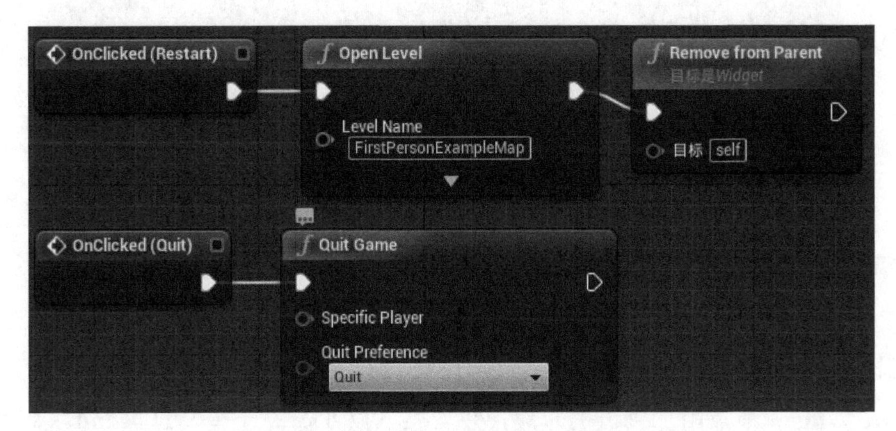

图 4.17 重新开始和退出游戏

4.3.3 显示菜单

既然已经创建了菜单，我们需要告诉游戏何时将菜单显示给玩家。由于我们从 **FirstPersonCharacter** 蓝图中调用 HUD 对象，继续从同一位置调用此菜单。在 **Blueprints** 文件夹中打开 **FirstPersonCharacter**。

我们将需要触发一些指示游戏结束的事件。在确定该信号将是什么之前，可以创建一个**自定义事件**节点来表示它。将**自定义事件**节点添加到图表的空白区域，并将其重命名为 **End Game**。

当胜利条件满足时，我们要阻止玩家继续在游戏世界中移动。为此，请将 **Set Game Paused** 节点附加到**我们的事件**，并选中已 **Paused**（暂停）复选框。接下来，在结束游戏事件节点下面添加一个 **Get Player Controller** 节点，并拖出其 **Return Value** 输出引脚，将其附加到**设置 Show Mouse Cursor** 节点[①]。勾选 **Set Show Mouse Cursor** 旁边的复选框，并将此节点附加到**设置 Game Paused** 节点停的输出执行引脚。这将使玩家在游戏暂停后重新获得对鼠标光标的控制，如图 4.18 所示。

① 译者注：在搜索此节点时，可能需要取消勾选情境关联。

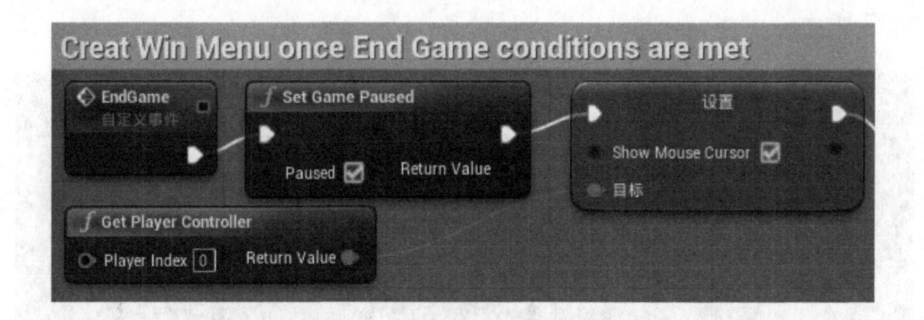

图 4.18 游戏结束时的行为

既然我们已经停止了游戏的播放，需要实际显示菜单。如图 4.19 所示，将 **Create Widget** 节点附加到链的末尾，并从类下拉列表中选择 **Win Menu**。要结束此蓝图链，请从 **Return Value** 输出引脚拖动一根引线，并将其附加到 **Add to Viewport** 节点。

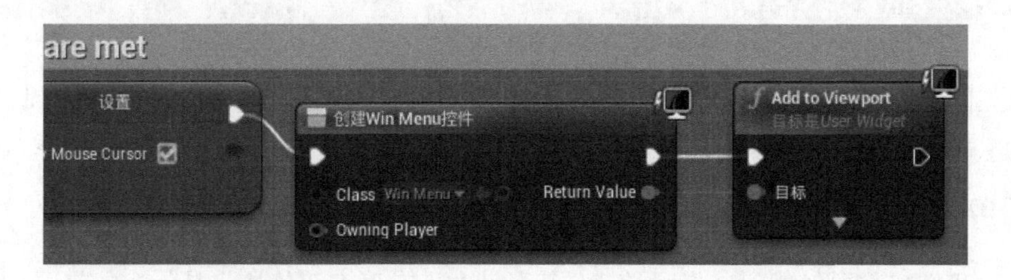

图 4.19 将菜单添加到屏幕

4.3.4 触发胜利

最后一步是确定将导致**结束游戏**自定义事件被触发的条件。我们希望在玩家已经杀死足够数量的目标圆柱体以达到目标数量时触发该事件。我们可以在每次目标被销毁时评估它。为此，请在 `Blueprints` 文件夹中打开 **CylinderTarget_Blueprint**，然后导航到事件表图中蓝图链的末尾。

创建一个**分支**节点，允许我们检查最后一个被销毁的对象是不是到达胜利条件所需的最后一个目标。将**分支**节点附加到**设置 Target Kill Count** 节点，然后可以将

Destroy Actor 节点重新连接到**分支**节点的**假**输出引脚。

现在我们需要建立分支节点检查的条件。比较 **Target Kill Count** 变量，看看它是否已经达到或超过了 **Target Goal** 变量。为此，创建一个 **Int> = Int** 节点，并将其输出引脚拖动到**分支**节点的 **Condition** 引脚。

接下来，找到已经存在的**获得 Target Kill Count** 节点，并将第二根引线从其输出引脚拖动到 **Int> = Int** 节点的顶部输入引脚。然后，找到**类型转换为 FirstPersonCharacter** 节点，并从 **As First Person Character** 输出引脚拖出一根引线到新的**获得 Target Goal** 节点。将此新节点的输出引脚与 **Int> = Int** 节点的底部输入引脚连接。

现在，从**类型转换为 FirstPersonCharacter** 节点的输出引脚出出引线，并将其附加到新的 **End Game** 节点。这将调用我们的自定义事件。将此节点连接到**分支**节点的**真**输出，然后再与 **Destroy Actor** 节点建立第二个连接，如图 4.20 所示。

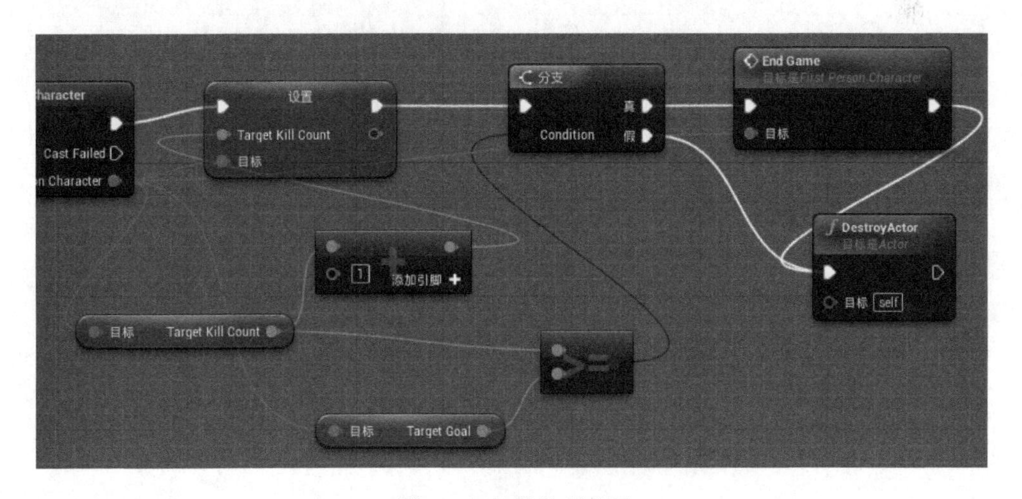

图 4.20　触发胜利蓝图

编译保存，并单击**播放**按钮测试游戏。如果所有蓝图设置正确，当你销毁第 2 个目标时，应该会看到游戏暂停，并且立即显示胜利菜单。单击 **Restart** 按钮将从开始重新加载关卡，然后单击 **Quit** 按钮将关闭游戏运行状态。

4.4　小结

在本章中，我们通过对玩家的能力提供有效限制来增强游戏体验，并为玩家设定一个待完成的小目标。在此过程中，学习了如何使用计时器来重复操作，如何在游戏世界中创建可收集的对象，以及如何创建菜单系统。组成视频游戏体验基础的组件都在我们构建的游戏中。如果读者愿意，还可以花一些时间自定义关卡布局，以创建一个你专属的、具有适当挑战性的游戏体验。

在下一章中，我们将开始讨论一个更高级的蓝图脚本和游戏开发——人工智能。我们将用可以在各点之间巡逻的敌人替换我们的目标圆柱体（target cylinders），并在关卡中追逐玩家。

第 5 章 使用 AI 制作移动的敌人

在本章中，我们将通过制造对玩家构成威胁的敌人，为游戏添加额外的挑战。为了做到这一点，需要去掉之前的目标圆柱体，用具有 AI（Artificial Intelligenle，人工智能）行为的敌人取而代之。这些敌人有潜力对玩家构成威胁，并能够分析他们周围的世界以做出决定。为了实现这一点，读者将学习虚幻引擎 4 的内置工具来处理 AI 行为，以及这些工具如何与蓝图脚本进行交互。在这个过程中，将实现以下目标。

- 构造一个能够使用行为树、黑板和 AI 控制器进行决策的 AI。
- 使用 NavMesh 在关卡中创建一个 AI 可追随的巡逻路径。
- 当 AI 看到玩家时转换行为，追逐玩家角色。

5.1 设置敌人 actor 的导航

到目前为止，目标一直是由基本的圆柱体形状来表示的。在原型设计中，若目标只是作为玩家瞄准的对象时，则设计一个无响应的目标非常有效。然而，游戏中的敌人会移动并对玩家造成威胁，它们需要可识别的外观，至少能够让玩家能够辨识它移动的方向。幸运的是，Epic 已经为虚幻引擎 4 创建了一个免费的资源包，可以将里面的人形模型导入到我们的游戏。

5.1.1 从虚幻商城导入资源

对于这一步，我们将退出虚幻引擎编辑器，并将重点放在打开启动器并导航到窗口左侧的“虚幻商城”部分。我们感兴趣的资产是在**虚幻商城**>>**类别**>>**动画**（**Animation**）下，找到 **Animation Starter Pack**（动画启动包）。它应该有一个明显的橙底白字的免费横幅。单击此图片，用户将被带到资产页面。

接下来，单击黄色的**免费**按钮。稍后，按钮应变成黄色的**添加到工程**按钮。单击此按钮，跳转到**选择要添加资源的项目**界面，我们选择 **Blueprint Scripting**，然后单击**添加到项目**按钮。等待资产包下载到你的计算机，一旦完成，打开游戏工程，会发现有一个名为 **AnimStarterPack** 的文件夹已经添加到内容浏览器根目录下。

5.1.2 扩大游戏区域

为了给智能敌人提供一个有趣的环境去追逐玩家，我们需要在默认的第一人称示例地图布局中做一些改变。现有的布局虽然可用于目标射击游戏，但是对于玩家来说可能太拥挤，不能够成功地避开追逐他们的敌人。

关卡设计不与蓝图脚本直接交互，因此这里不会逐步介绍如何修改关卡。相反，我们将借此机会根据想要提供的游戏体验来定制游戏。这个游戏中，需要修改地图的布局，以便有更多的空间来移动。还可以创建一些让玩家能够通过的区域，或者创建一些增加趣味性的敌方巡逻点。通过在 3D 视口中移动现有对象可以完成关卡的基本操作。比如可以通过移动组成边界的墙来扩大游戏空间的大小，还可以向关卡中添加其他基本对象（例如立方体和球体），以用作其他障碍或可到达区域。

为了快速地给游戏做一些改变，这里在关卡中创建了两个斜坡，其中有玩家和敌人都可以通过的斜坡，并将游戏区域扩大到以前的两倍宽。快速修改布局如图 5.1 所示。

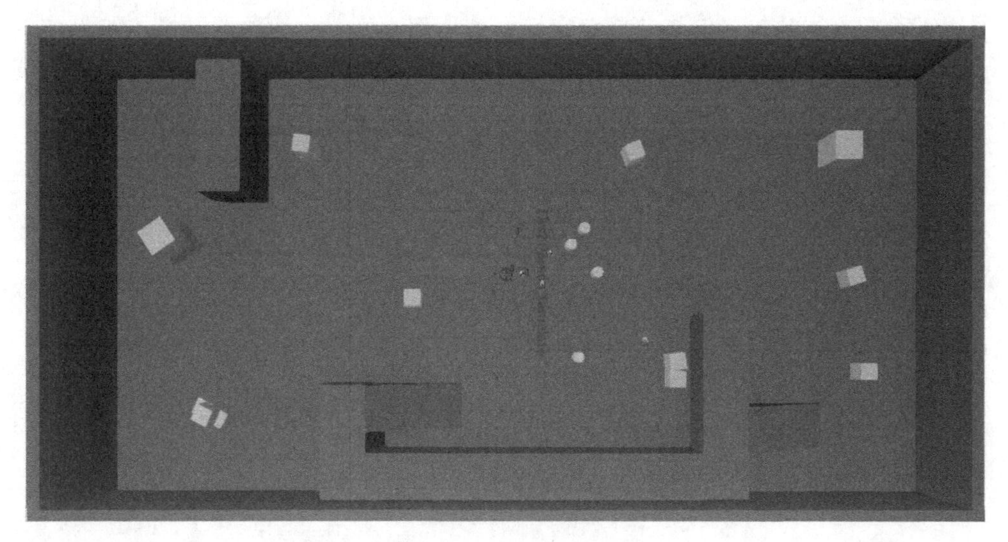

图 5.1 快速修改布局

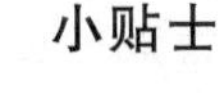

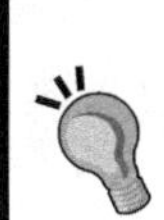

小贴士

当改变关卡中的静态对象后，会弹出提示“光照需要重新构建”。这是因为光照信息是已经烘焙好的。这样能使游戏的运行速度更快。当改变关卡后，单击**构建**按钮来重新构建对象的光照。当改变墙和地图尺寸时，还需要增大 LightmassImportanceVolume 的尺寸。这将确保整个游戏区域都能有比较好的光照。

5.1.3 使用 NavMesh 制作导航

为了创建 AI 行为，允许我们的敌人遍历该关卡，需要创建一个环境的地图，AI 将知道如何识别和导航。此映射使用称为 NavMesh 的对象创建。要创建 **NavMesh**，请找到**模式**面板。选中**放置**（**Place**）选项卡后，单击**体积**（**Volumes**），然后将 **Nav Mesh Bounds Volume** 对象拖出到关卡上。

现在，需要要移动和放大 **Nav Mesh Bounds Volume**，直到关卡的整个可走空间包含在其中。当行走区域包含在体积中时，请按键盘上的 [P] 键，以查看 **NavMesh** 是否正确放置。如果是这样，将会在地面的顶部看到一个绿色的网格，如图 5.2 所示。

图 5.2 构建导航

小贴士

你可以在任何时候按下 [P] 键来查看或隐藏绿色的导航网格。

5.1.4 用 AI 资源设置智能敌人

随着关卡和 NavMesh 设置的完成，回到我们的重点——创造敌人。首先，需要建立一个包含敌人角色的蓝图。从**内容浏览器**中的项目目录创建一个名为 Enemy 的新文件夹。打开此文件夹；右键单击空白处并选择**蓝图类**。在弹出窗口中选择 `Ue4ASP_Character` 对象以创建新角色蓝图，将这个蓝图命名为 **`EnemyCharacter`**。

现在我们有一个蓝图来包含敌人角色，还需要创建 3 个额外的对象，将一起工作来管理敌人的行为。第一个称为行为树，行为树是决策逻辑的来源，将指导我们的敌人在什么条件下应该导致它执行哪些行动。要创建行为树，请在文件夹中单击鼠标右键，然后将鼠标悬停在**人工智能**类别上，在弹出的选项中选择**行为树**，将行为树命名为 **EnemyBehavior**。

我们需要创建的第二个对象是 AI **控制器**（**AI Controller**）。AI 控制器用于连接角色和行为树。它将行为树中生成的信息传递到角色。该角色将执行这些操作。要创建 AI 控制器，右键单击文件夹，然后单击**蓝图类**，搜索并选择 **AIController**。将此控制器命名为 **EnemyController**。

需要创建的最后一个控制行为的对象称为**黑板**（Blackboard）。黑板是所有数据的容器，AI 控制器需要由其行为树控制。要创建黑板，请在文件夹中右键单击，然后将鼠标指针悬停在**人工智能**类别上，在弹出的选项中选择**黑板**，将这个黑板命名为 **EnemyBlackboard**。

接下来，应该对 **EnemyCharacter** 进行一些修改。因为我们将 **EnemyCharacter** 创建为 **Ue4ASP_Character** 对象类型。它从导入的动画包创建的角色中继承了关于所需网格、纹理和动画的信息。我们将保持网格和动画这类信息，但需要确保它知道如何由正确的 AI 控制器控制。

现在打开 **EnemyCharacter** 蓝图，查看**组件**面板。在组件列表顶部找到 **EnemyCharacter(self)** 并单击，现在看看**细节**面板，找到 **Pawn** 类别。此类别的最后一个元素将是 AI 控制器类的下拉列表。将此下拉列表的选择更改为 **EnemyController**。

当我们编辑敌人角色时，也应该改变敌人的颜色。目前，网格显示一个白色类人动物，看起来与玩家的手臂和枪的风格相同。为了更好地向玩家表明角色是敌人，我们可以更改网格以使用我们在前面章节中使用的相同的 **TargetRed** 材质。为此，请单击 Mesh（**继承**），并在**细节**面板中查找 **Materials** 类别。将材质从白色默认值更改为之前创建的 **TargetRed** 材质。你应该看到视口中的人形角色变成红色。编译并保存并返回到关卡编辑器。将 **EnemyCharacter** 蓝图拖动到关卡中，以在地图中创建敌人的实例。将**世界大纲**中的 **EnemyCharacter** 的实例重命名为 **Enemy1**。

5.2 创建导航行为

首先需要让敌人在地图上的点之间自动巡游。要完成这个功能，我们需要在地图上创建敌人将要导航到的点，然后设置的行为，将导致敌人在巡逻点之间循环巡逻。

5.2.1 设置巡逻点

让我们开始创建 AI 巡逻的路径。仍然在关卡编辑器中，查看**模式**面板。选择**放置**选项卡后，单击**所有类**，然后将**目标点**对象拖动到地图上要为敌人启动巡逻的区域。现在，看到**世界大纲**面板，单击位于搜索栏右侧的加号符号的文件夹图标。单击此处创建一个名为 **PatrolPoints** 的新文件夹。此文件夹将包含我们创建的所有目标点，以便保持主列表整洁。将大纲中的 **TargetPoint** 对象拖动到此新文件夹中，并将对象重命名为 **PatrolPoint1**。

现在进入 **PatrolPoint1** 的**细节**面板，单击绿色的**添加组件**按钮，为巡逻点添加一个 **Sphere Collider**。添加碰撞器可以检查敌人 **actor** 何时与巡逻点重叠。

通过右键单击**世界大纲**中的 **PatrolPoint1** 对象>>**编辑**>>**Duplicate（复制）**。新对象将自动命名为 **PatrolPoint2**，将第二个巡逻点拖动到关卡中的其他位置，远离第一个，如图 5.3 所示。

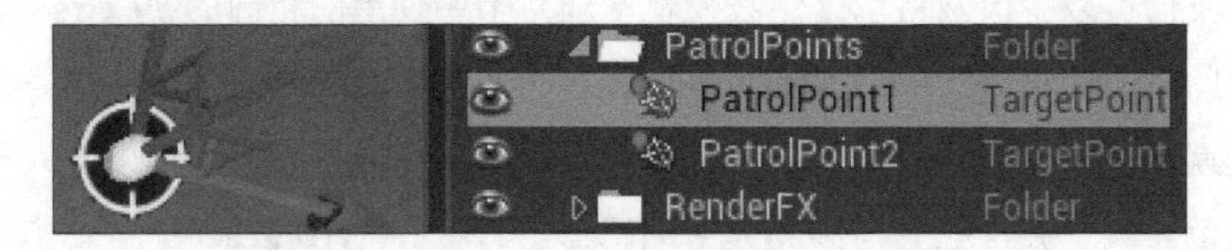

图 5.3　复制巡逻点

批注

目标点是一个小的准星图标，在编辑模式时可见，游戏运行时不可见。这样就允许我们可视化地为敌人创建巡逻点。

5.2.2 启用资产之间的通信

随着巡逻点的建立，便可以开始建立敌人的 AI。首先，我们将给予**黑板**存储巡逻点位置信息的能力。从**内容浏览器**中打开 **EnemyBlackboard**。单击**新键值**，然后选择**对象**作为 **Key Type**（**键类型**），将它重命名为 **PatrolPoint**，如图 5.4 所示。

图 5.4 在黑板中设置 Key

现在黑板中有一个 **Patrol Point** 键，我们需要将黑板中该键（Key）的值设置为世界上实际的巡逻点对象。可以从 **EnemyCharacter** 蓝图做到这一点，所以现在打开这个蓝图。

我们需要创建一个蓝图逻辑，当敌人角色创建时开始执行。获取 **Enemy-Blackboard**，然后设置黑板 **PatrolPoint** 中变量的键值，这个变量是为角色蓝图创建的，表示敌人当前的巡逻点，如图 5.5 所示。

首先，需要创建一个变量来存储两个巡逻点对象。从**我的蓝图**面板中添加一个新变量，并将其称为 **PatrolPoint1**。将**变量类型**设置为 **Actor**。现在右键单击变量>>复制，将新变量重命名为 **PatrolPoint2**。第3次复制 **Actor** 变量，将变量重命名为 **CurrentPatrolPoint**。每当敌人移动到新的位置时，**Current-PatrolPoint** 变量将存储新的当前巡逻点。

图5.5　为巡逻点设置黑板键值蓝图

创建3个变量后，接下来要创建一个**事件 Begin Play** 节点。接下来，添加 **Get Blackboard** 节点。从目标输入引脚拖动引线；搜索并选择**获得一个到自身引用**以将self节点附加到引脚。现在从 **Return Value** 引脚拖出一条线，并将其附加到 **Set Value as Object** 节点。将此节点的输入执行引脚连接到**事件 Begin Play** 节点。

返回到 **Set Value as Object** 节点，从 **Key Name** 输入引脚拖出一根引线，并将其附加到一个 **Make Literal Name** 节点。将此节点中的 **Value** 字段设置为 **PatrolPoint**，以便它引用我们在**黑板**中创建的键。最后，将 **CurrentPatrolPoint** 变量拖动到事件图表，然后选择**获得**。将 **CurrentPatrolPoint** 变量连接到 **Set Value as Object** 的 **Object Value** 引脚。选择所有这些节点并创建一个描述该功能的注释。

接下来，需要创建一系列节点，它们将在敌人成功到达其中一个巡逻点时，将巡逻目标转为另一个点。为此，我们将创建两个分支，它们将触发对碰撞重叠的检测，如图5.6所示。

首先创建一个**事件 Actor Begin Overlap** 节点，将此节点连接到**分支**节点。将引线从**分支**节点的 **Condition** 输入拖动到 **Equal** (Object) 节点上。此节点将判断附加到节点的两个输入的两个对象是否相同。我们想要判断与敌人交互的是否为附加到 **Patrol Point 1** 变量的对象。

从**事件 Actor Begin Overlap** 节点的 **Other Actor** 输出引脚中拖出一根引线，并将其连接到 **Equal** (Object) 节点的顶部输入引脚。现在将 **Patrol Point 1** 变量拖动到图表上，并将一个 **Patrol Point 1** 变量附加到 **Equal** (Object) 节点的底部输入引脚。如果这两个对象相等，要将当前 PatrolPoint 变量更改为 **Patrol Point 2**。从分支节点的**真**输出引脚，将线连接到 **Set Current Patrol Point** 节点，并将 **Patrol Point 2** 变量附加到其输入引脚。

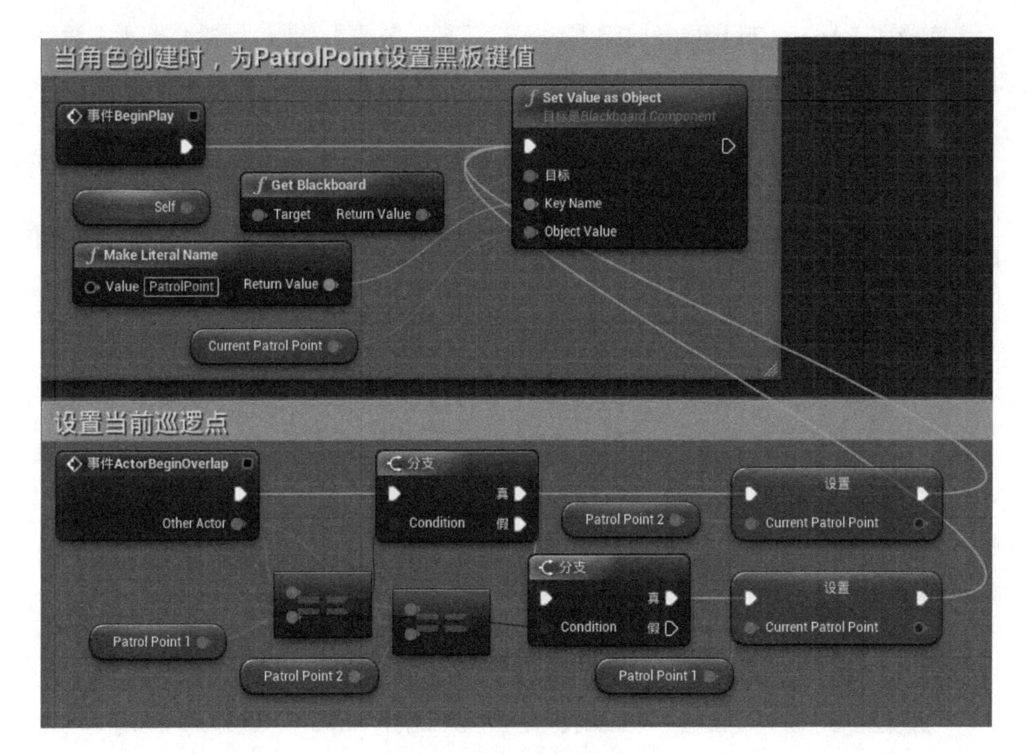

图 5.6　转换巡逻点蓝图

接下来，需要创建第 2 个分支序列来测试其他 **PatrolPoint**。从分支节点的**假**

输出引脚拖出一根引线，并将其连接到第2个**分支**节点。将此**分支**节点的 **Condition** 输入引脚附加到新的 **Equal** (Object) 节点。将 **Equal** (Object) 节点的顶部输入引脚连接到**事件 Actor Begin Overlap** 节点的 Other Actor 输出引脚。

将第2个巡逻点变量拖动到图表上，并将 **Get Patrol Point 2** 节点附加到 **Equal** (Object)的底部输入引脚。现在将第二个**分支**节点的**真**输出引脚连接到新的 **Set Current Patrol Point** 节点。然后，将 **Get Patrol Point 1** 节点附加到 **Set Current Patrol Point** 的输入引脚。最后，将两个 **Set Control Patrol Point** 节点的输出执行引脚连接到设置**黑板键**的蓝图模块的 **Set Value as Object** 节点的输入执行引脚。最后关键的一步是确保 **Current Patrol Point** 值在每次改变时，都将值发送给黑板。

完成了 **EnemyCharacter** 的设置后，接下来，需要去 AI 控制器并指示它运行行为树（即将设置）。返回到**内容浏览器**并打开 **EnemyController**。

在 **EnemyController** 的**事件图表**中，添加一个**事件 Begin Play** 节点，并将此节点连接到 **Run Behavior Tree** 节点。最后，将此节点内的 **BTAsset** 设置为 **EnemyBehavior**。这是与控制器有关的所有设置，如图5.7所示。

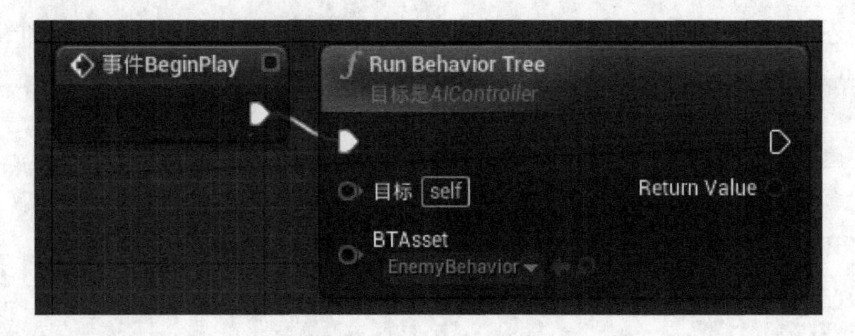

图5.7　添加 Run Behavior Tree 节点

现在返回到关卡编辑器并在**世界大纲**面板中选择 **Enemy1** 对象。**Enemy1** 是给通用敌人类型的第一个的名字，我们想为这个特定的敌人建立初始的巡逻点。为此，请查看**详细信息**面板，并在默认值下找到 **PatrolPoint1** 字段，在下拉列表中选择对

象 **PatrolPoint1**[①]。

5.2.3 让 AI 通过行为树学会行走

我们现在把注意力放在 AI 行为树上。这时返回**内容浏览器**并打开 **Enemy Behavior**。在右侧详细信息面板中，将 **Blackboard Asset** 更改为 **EnemyBlackboard**。你现在应该看到黑板的关键帧 **PatrolPoint** 出现在右下角的**黑板**面板中。

现在看到**行为树**面板，看起来类似于蓝图中的事件图表。我们将在这里根据条件创建分支逻辑，以确定要执行的操作。逻辑树的顶层是 **Root**，仅用于指示逻辑流将在哪里开始。

行为树节点底部的深色线是节点之间的连接点。你可以从根节点底部的黑色区域中单击并拖动一根线，并将其拖放到空白处，以获得一个新的选择菜单弹出窗口，向“行为树”中添加其他节点。现在请执行此操作，并选择 **Selector** 选项，如图 5.8 所示。

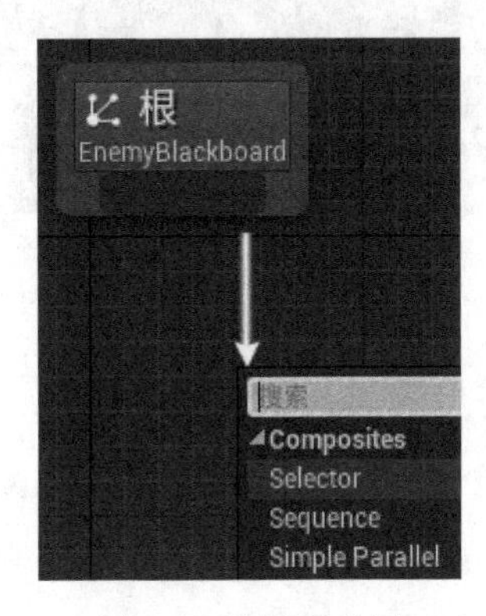

图 5.8　设置行为树

在 **Selector** 节点下，将两个 **Sequence** 节点相邻放置。选择左侧的序列节点，然后在 **Description** 面板中将节点名称更改为 `Move to Patrol`。然后选择另一个

① 译者注：需要在 EnemyCharacter 蓝图中设置变量 PatrolPoint1、PatrolPoint2、CurrentPatrolPoint 为可编辑。

Sequence 节点并将其名称更改为 **`Idle`**。

现在需要添加由 **Sequence** 节点触发的操作。将箭头从 **Move to Patrol** 节点向下拖动，并附加 **Move To** 节点，紫色的节点为引起动作的节点，称为任务节点，并且始终是行为树中最底层的节点。这时任务节点底部没有附加节点的黑色区域，如图 5.9 所示。

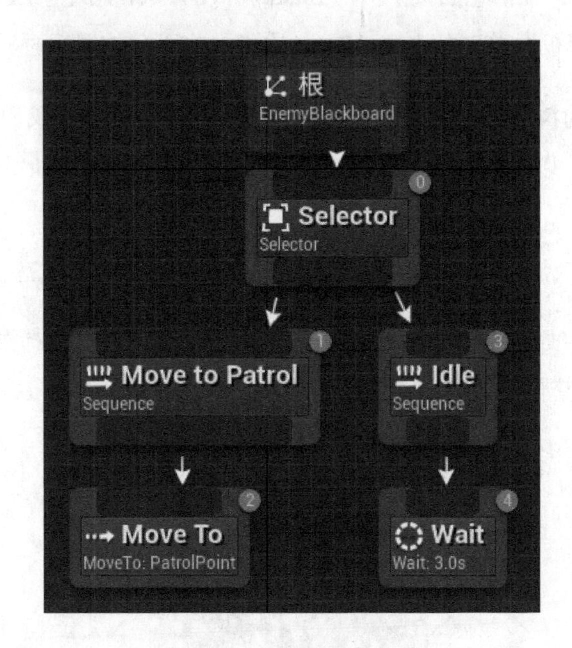

图 5.9　设置行为树

在新添加的 **Move To** 任务节点的**详细信息**面板，有一些新的选项，可以用于调整敌人角色的运动。第一个称为 **Acceptable Radius**，表示在任务被认为完成之前，由 **move** 任务控制的 **actor** 可以远离目标的距离。将 **Acceptable Radius** 设置得过低可能会导致敌人抖动，因为它会试图移动到巡逻点的中心，但是达不到那么高的精度。设置太高可能会导致运动被切割得太短，因为在敌人接触巡逻点之前，移动被认为已经完成，将可接受半径设置为 30。我们不想让敌人横向移动或朝目标移动，所以可不勾选 **Allow Strafe**。**Blackboard Key** 确定 **actor** 被移动到的位置，这里将它设为 **PatrolPoint**。另外需要在 EnemyBlackboard 中将 PatrolPoint 的

BaseClass 设为 Actor[①]，如图 5.10 所示。

图 5.10　将 Base Class 设为 Actor

接下来，从 **Idle** 节点拖动一根引线，并将其附加到 **Wait** 任务节点。**Wait** 节点只包含两个配置字段。**Wait Time** 字段值确定敌人在移动到下一个巡逻点之间等待的时间，将此值设置为 3.0。另一个字段命名为 **Random Deviation**（随机偏差），其将控制等待时间的随机性，在此字段中输入 1.0，等待时间将在 2 秒到 4 秒之间的随机给出。

保存行为树，然后返回到 **FirstPersonExampleMap** 选项卡。在**世界大纲**中选中 **Enemy1**，在其"**详细信息**"面板中，向下导航到"**默认**"分类，将 **Patrol Point 1** 设置为对象 **Patrol Point 1**，将 **Patrol Point 2** 设置为对象 **Patrol Point 2**，并将 **Current Patrol Point** 设置为最远离敌人起始位置的巡逻点对象（**Patrol Point2**）。因为希望将来创建的每个敌人都有自己的巡逻点，所以要在 **EnemyCharacter** 蓝图的变量上设置这些巡逻点，如图 5.11 所示。

保存并单击**播放**按钮进行测试，可看到红色的敌人角色开始导航到两个巡逻点的第一个。当它到达第一个巡逻点时，在短暂停止后又开始走向第二巡逻点。只要游戏正在运行，这种模式将重复进行。

① 译者注：图 5.10 为译者附图，读者需要注意将 BaseClass 设置为 Actor。

图5.11 设置巡逻点

5.3 让AI追逐玩家

现在已经建立了巡逻行为，还应该使敌人对玩家构成一些威胁。因此，我们将给敌人看到玩家和追逐他们的能力。

5.3.1 用Pawn Sensing给敌人添加视线

要赋予敌人检测玩家的能力，我们需要向 **EnemyController** 添加一个 **PawnSensing** 组件。为此，打开 **EnemyController** 蓝图并单击**组件**面板中的**添加组件**按钮。搜索并添加 **PawnSensing** 组件，将它重命名为 **OnSeePawn（PawnSensing）**。此组件使我们能够向 **EnemyController** 事件图表中添加一些其他事件触发器，如图5.12所示。

图 5.12 添加 PawnSensing 组件

确保已在**组件面板**中选择新的 **PawnSensing** 组件，鼠标右键搜索时勾选**情境关联**，搜索并将 **OnSeePawn** 节点添加到事件图表。此事件在敌人通过视线看到玩家时触发。要将此信息传输到行为树，首先需要创建一个新的黑板键（Blackboard Key）存储，并将此信息传递给它，如图 5.13 所示。

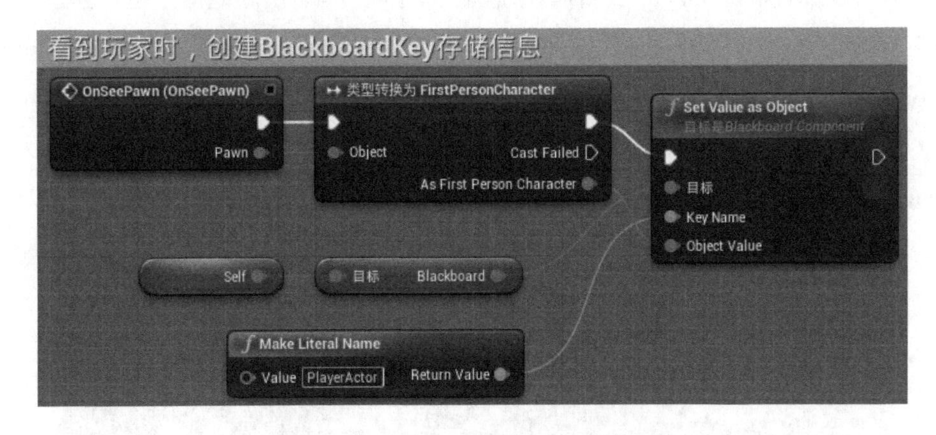

图 5.13 创建 Blackboard Key 存储

从刚刚创建的 **OnSeePawn** 节点的 **Pawn** 输出引脚拖动一条线，并将其附加到**类型转换为 FirstPersonCharacter** 节点。这将确保敌人只对被看见的玩家做出反应，而不是在看到其他敌人时也触发追逐行为。

接下来，需要获得对 **Blackboard** 的引用。将 **Get Blackboard** 节点添加到事件图表。从此节点的 Target 输入引脚拖动引线，并将**自身引用**（Self）节点附加到该节点。从 **Return Value** 输出引脚拖出一根引线，并将其连接到 **Set Value as Object** 节点。然后，将类型转换节点的 **As First Person Character** 输出引脚连接到 **Set Value as Object** 节点的 **Object Value** 输入引脚。然后将**类型转换为 FirstPersonCharacter**

节点与 **Set Value as Object** 节点的执行引脚相连。

将有关玩家的信息传递到**黑板**的最后一步是建立存储数据的 key。从 **Set Value as Object** 的 **Key Name** 输入引脚拖动一根线，并将其附加到 **Make Literal Name** 节点，在 **Make Literal Name** 节点的 **Value** 字段中输入 PlayerActor。最后为蓝图模块创建注释，然后编译并保存。

5.3.2　向行为树添加条件

接下来创建 Blackboard Key 和行为树分支，指示敌人追逐玩家。从**内容浏览器**中打开 **EnemyBlackboard**，然后单击**黑板**选项卡，再单击**新键值**按钮，创建一个称为 **PlayerActor** 的 **Object** 类型的新键。选择 **PlayerActor** 键，查看 **Blackboard Details** 面板。单击 **Key Type** 旁边的扩展箭头，并使用下拉菜单将 **Base Class**（基类）更改为 **Actor**。填写 **Entry Description** 指示此键将存储玩家角色，并取消选中 **Instance Synced**（实例同步），如图 5.14 所示。

图 5.14　创建 Blackboard Key

保存 **EnemyBlackboard**，打开 **EnemyBehavior**，并单击 **Behavior Tree** 选项卡。我们需要另一个 **Sequence** 节点来连接任务，让敌人追逐玩家。从 **Selector** 节点向下拖动一条线，并在 **Move to Patrol** 序列节点的左侧创建一个 **Sequence** 节点。因为敌人看到并追逐玩家比巡逻行为具有更高的优先级，所以需要确保这个 **Sequence**

是 **Selector** 下最左边的分支。将此新节点的名称改为 **`Attack Player`**。

接下来，需要确保附加到攻击玩家的任务只有在敌人实际看到玩家时才会触发。为此，将添加一个**装饰器**（**decorator**）节点。装饰器节点附接到序列的顶部，并且提供在可以触发该序列之前必须满足的条件。这时，右键单击 **Attack Player** 节点，将鼠标指针悬停在 **Add Decorator** 上以展开菜单，然后选择 **Blackboard** 以添加触发 **Blackboard Key** 的新装饰器。你会看到一个新的蓝色框出现在 **Attack Player sequence** 的正上方，单击并查看**详细信息**面板，如图 5.15 所示。

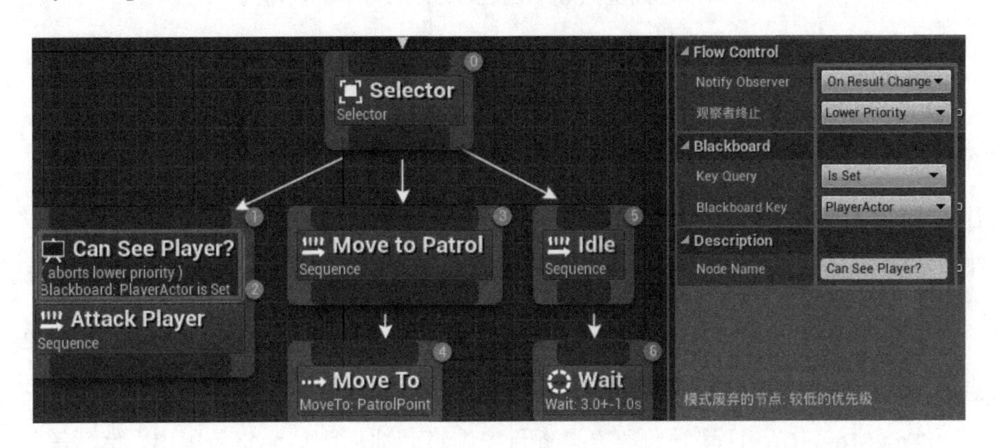

图 5.15　装饰器与详细信息

在**详细信息**面板中，找到 **Observer aborts** 下拉菜单，然后选择 **Lower Priority** 选项，与 **Notify Observer** 默认选择的 **On Result Change** 选项结合，将指示当此条件更改为 true 时，所有其他较低优先级的序列应被中止。当选择此装饰器时，在行为树视图中的所有较低优先级序列节点周围用蓝色突出显示。

接下来，确保 **Key Query** 设置为 **Is Set**，并将 **Blackboard Key** 更改为 **PlayerActor**。这将检查 **PlayerActor** 以确保在允许 **Attack Player** 运行之前，为 **PlayerActor** 设置了一个值。回想一下，**PlayerActor** 只有当敌人与玩家通过其 pawn sensing 组件建立视线时才设置。最后，将此节点的名称更改为 **Can See Player?** 以反映其功能。

5.3.3 创建追逐行为

现在，我们需要在**Attack Player** sequence（序列）下面创建一系列任务节点，这将构成敌人的追逐行为。因为已经有一个**Blackboard Key**存储**player actor**，包括它的位置数据，所以可以按照下面的步骤将敌人角色移动到玩家：从**Attack Player sequence**节点拖动一根线并将其附加到**Move To task**节点，单击此节点，在“详细信息”面板中，将**Blackboard Key**设为**PlayerActor**。

现在敌人可以追逐玩家了！编译、保存并单击**播放**按钮来测试此行为。当玩家在巡逻路径上的敌人面前奔跑时，它会突破其路径并开始在关卡中追逐玩家。然而，你会注意到，无论你做什么，敌人将永远不会放弃其追逐。因为我们的最终目标是让敌人到达玩家所在的位置，然后回到巡逻状态，因此还需要为敌人创造一些方法来打破追逐行为。

要创建暂停以允许发生攻击，需首先创建**Wait**节点，并将其放在**Move To**节点的右侧。将此节点上的**Wait Time**更改为2秒。这大概是我们可能预期攻击的时间。结合**Move To**，这将导致敌人追逐玩家，直到他们到达允许范围内，然后等待2秒，采取另一个动作。

现在需要创建一个方法来重制**PlayerActor**键，以便**Can See Player?**装饰器可以在暂停发生后失败，从而结束追逐行为。由于没有内置的任务来完成这个功能，所以我们需要创建一个自定义任务。

单击行为树顶部菜单中的**新建任务**按钮，将立即进入一个新标签页，并可以开始编辑此任务的行为。首先返回**内容浏览器**，在**Enemy**文件夹中找到名为**BTTask_BlueprintBase_New**的新任务对象，将该对象重命名为`ResetValueTask`。双击**ResetValueTask**返回任务的选项卡。找到**类设置**并单击，然后保证细节面板中**类选项**的父类为**BTTask_BlueprintBase**。这将使用基本的蓝图类作为其基类创建一个新任务。

添加任何节点之前，将**细节**面板中的 **Node Name** 更改为 **Reset Value**。转到**我的蓝图**面板并添加两个变量，将第一个变量命名为 **Key**，并将其类型更改为 **BlackboardKeySelector**。重命名第 2 个变量 **Actor**，并将其类型更改为 **Actor**。最后，确保两个变量都选中了**可编辑**复选框，如图 5.16 所示。

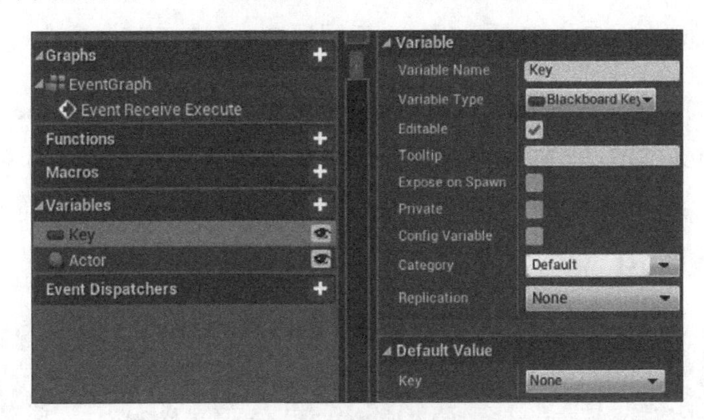

图 5.16 添加两个变量

随着变量的创建和节点重命名的完成，现在开始创建任务的行为。向事件图表中添加**事件 Receive Execute** 触发器节点。当在行为树中激活任务时，此节点简单地触发附加的行为。接下来，从执行引脚拖动一根线，并附加一个 **Set Blackboard Value as Object** 节点。将 **Key** 变量拖动到 **Key** 输入引脚上，然后将 **Actor** 变量拖到 **Value** 输入引脚。最后，从 **Set Blackboard Value as Object** 的输出执行引脚拖出引线，将其连接到 **Finish Execute** 节点，勾选 **Finish Execute** 节点的 **Success** 输入旁的复选框。为蓝图模块添加描述性注释，最终结果如图 5.17 所示。

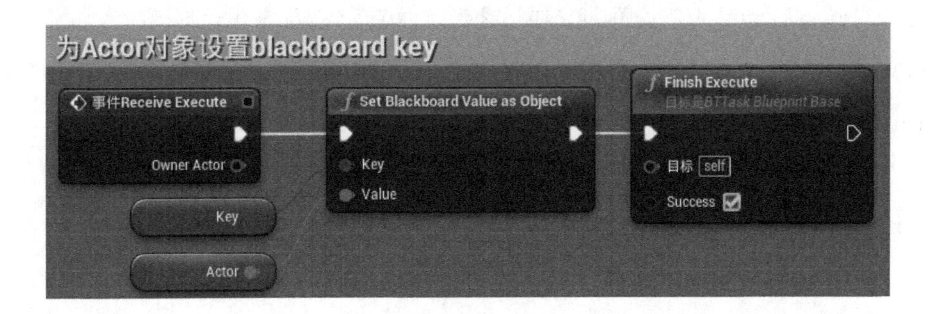

图 5.17 创建任务行为

此任务将允许我们从行为树任务的**详细信息**面板中指定一个 **blackboard key**，并为选中的 **actor** 设置该 **key**。可以将我们创建的通用公有变量替换为此节点的特定值，即将 **PlayerActor** 的 **key** 更改为 **null** 或空。但是，在创建新任务时，最好是使它们具有可重用的行为，这些行为根据行为树中给出的输入而变化。为了满足需要，编译 **ResetValueTask** 蓝图，保存并返回到 **EnemyBehavior** 行为树。

回到行为树中，从 **Attack Player** 中拖出引线，将新的 **ResetValueTask** 任务节点添加到 **Move To** 和 **Wait** 节点的右侧。在**详细信息**面板中，将 **Key** 更改为 **PlayerActor**，并保留 **Actor** 下拉列表为“无”（即值为 None）。最后，将 **Node Name** 更改为 **Reset Player Seen**，如图 5.18 所示。

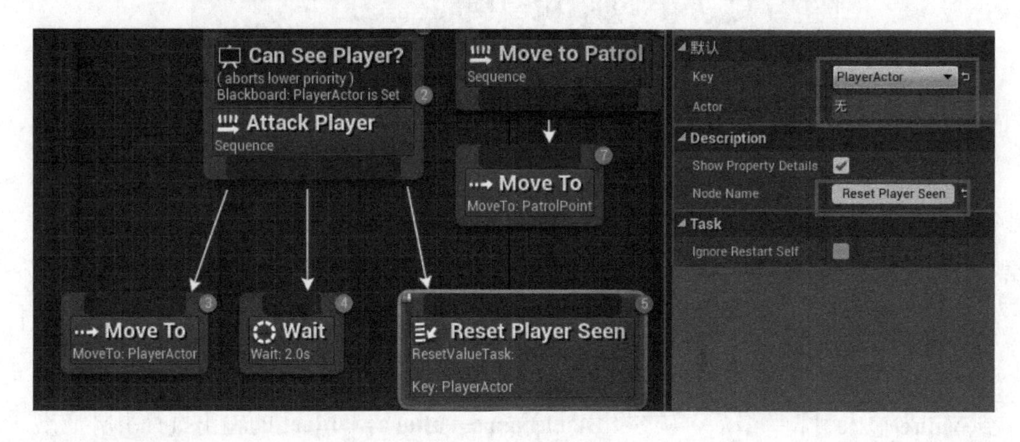

图 5.18 行为树设置

这就完成了行为树中的工作，建立了追逐行为。**编译**、**保存**，然后单击**播放**按钮以测试追逐行为是否符合预期。在巡逻敌人面前移动玩家角色时，敌人将停止巡逻并追逐玩家。敌人抓到玩家时，它将停止两秒钟，然后返回其巡逻路径。如果敌人再次看到玩家，它将又一次中断巡逻，开始追逐玩家。

5.4 小结

在本章中，我们将原来简单的移动目标升级为可以挑战玩家的智能敌人。在这个过程中，学习了 AI 控制器、行为树和黑板的基本原理：它们如何配合使用，以创建一个能够感知周围世界的敌人，并根据这些信息做出决策。随着开发过程的推进，读者可以使用学到的技能来开发其他类型的敌人行为，届时 AI 将给玩家带来一些有难度的挑战。

在下一章中，我们将扩展 AI 的行为，创造一个更智能的敌人：首先为敌人添加听觉，以侦听玩家并识别一个声音；然后赋予敌人攻击能力，当他们达到射程时攻击玩家。为了平衡游戏，我们还将赋予玩家反击敌人的能力。

第 6 章
升级 AI 敌人

在本章中，我们将为 AI 敌人添加更多功能，以加大玩家通关难度，并加入更多样的游戏玩法。基于这样的考虑，再改进策划方案创建目标关卡。创建僵尸般的敌人，它们将不懈地追逐玩家，这样做的目的是为了创造一个以行动为中心的体验，让玩家必须不断跑动，才有可能在敌人追赶中生存下来。在本章前部分，我们将给予 AI 更强大的能力，包括造成伤害和徘徊巡逻模式，以增加游戏难度。然后增加玩家的战斗力，让他们有能力对付这些危险的敌人。最后，随着创作推进，在游戏世界中会产生新的敌人，需要通过创建一个系统来保持游戏的平衡。在此过程中，我们将介绍以下主题。

- 引入敌人近战攻击，并减少玩家的血量。
- 让 AI 能够听到玩家的脚步声和看到玩家。
- 让敌人根据声音推断玩家的位置。
- 允许玩家用枪消灭敌人。
- 在游戏世界中产生新的敌人。
- 设置 AI 敌人在关卡中随机巡逻。

6.1 创建敌人攻击功能

如果想要我们创造的敌人能够妨碍玩家顺利实现游戏胜利的目标，首先需要赋予敌人攻击玩家角色的能力。在上一章中，我们设置了敌人攻击模式的基本结构：当玩家进入敌人的视引线时触发并追踪玩家。现在要对攻击引入一个伤害组件，确保敌人与玩家达到近战范围时能造成伤害效果。

6.1.1 创建攻击任务

为了创建一个可以造成伤害的攻击任务，需要扩展我们在敌人行为树中创建的攻击玩家序列。从**内容浏览器**打开 **EnemyBehavior**。在 **Behavior Tree** 视图中，单击**新建任务**按钮，并从显示的下拉菜单中选择 **BTTask_BlueprintBase** 选项。正如上一章中使用自定义任务重置键值一样，打开**内容浏览器**中的 **Enemy** 文件夹，并将新创建的 **BTTask_BlueprintBase_New** 对象重命名为 **DoAttackTask**。双击 **DoAttackTask** 返回到新任务的 **EventGraph**。

我们需要在任务内创建两个变量，一个用于存储应用伤害的目标，另一个用于存储要应用的伤害量。**我的蓝图**面板中，使用**变量**旁边的加号（+）按钮创建两个变量。调用第一个变量 **TargetActor**，将其类型设置为 **Blackboard Key Selector**，然后勾选**详细信息**面板中**可编辑**复选框。现在将第二个变量重命名为 **Damage**，将其类型设置为 **Float**，并确保它设置为可编辑。编译蓝图后，将 **Damage** 变量的默认值设置为 0.3，如图 6.1 所示。

创建变量后，查看任务的事件图表。首先需要获取 **Target Actor** 变量，我们稍后将用它来存储对玩家的引用。首先放置**事件 Receive Execute** 节点，从事件节点的输出执行引脚拖出引线，并在搜索框中搜索“IsValid”。将**工具**类别下的 **IsValid** 节点附加到事件节点。

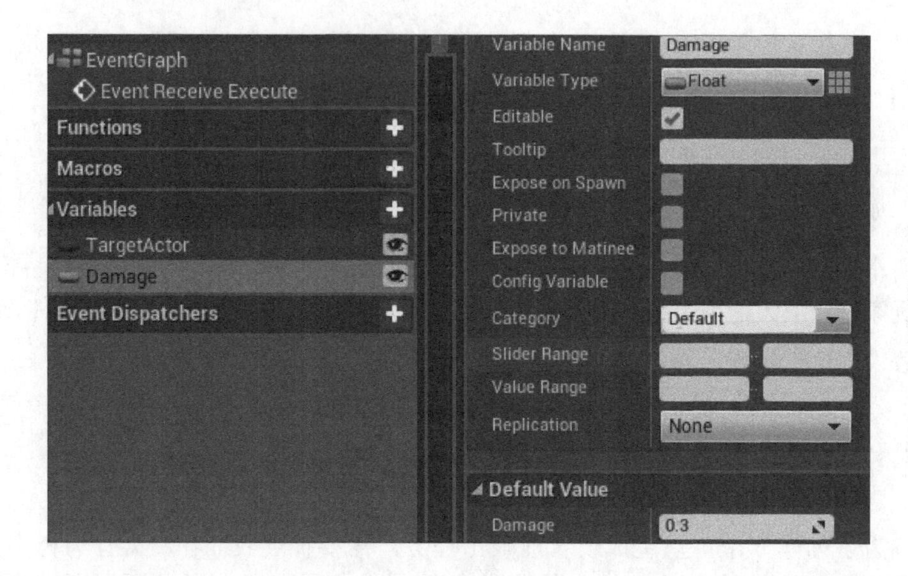

图 6.1 创建变量

将获得 **Blackboard Value as Actor** 节点添加到图表中，将 **Target Actor** 变量拖动到获得 **Blackboard Value as Actor** 的 **Key** 输入引脚。然后，将 **Return Value** 输出引脚连接到 **Is Valid** 节点的 **Input Object** 输入引脚。将 **Apply Damage** 节点附加到 **Is Valid** 节点的 **Is Valid** 输出执行引脚。接下来，通过将 **Damage** 变量拖动到 **Apply Damage** 节点的 **Base Damage** 输入引脚上，确定每次攻击的伤害量。将 **Return Value** 输出引脚连接到 **Apply Damage** 的 **Damaged Actor** 输入引脚，以建立攻击的目标。最后，通过将 **Finish Execute** 节点附加到 **Apply Damage** 节点并选中 **Success** 输入旁边的框来结束任务。对蓝图模块注释后，最终结果应如图 6.2 所示。

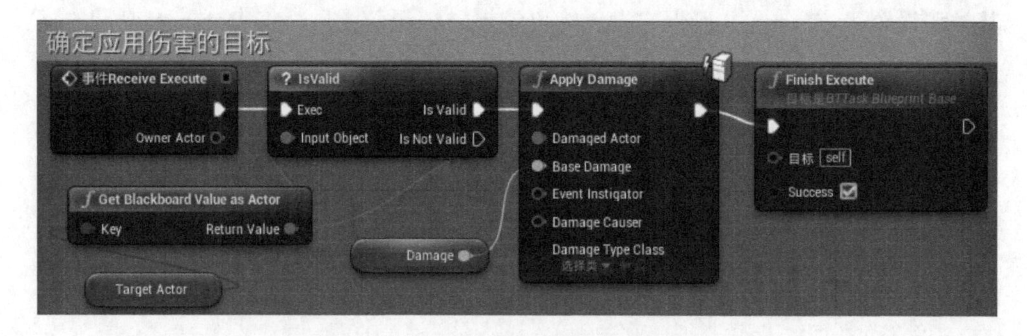

图 6.2 确定接收伤害的目标 Actor

创建自定义攻击任务后，返回到行为树。因为我们将这种攻击作为近战攻击，所以希望敌人只在到达近战范围后才攻击玩家。在行为树中找到 **Attack Player** sequence 节点，从节点底部向下拖动引线，并在 **Move To** 和 **Wait** 任务节点之间添加一个新的 **DoAttackTask** 任务节点，如图 6.3 所示。

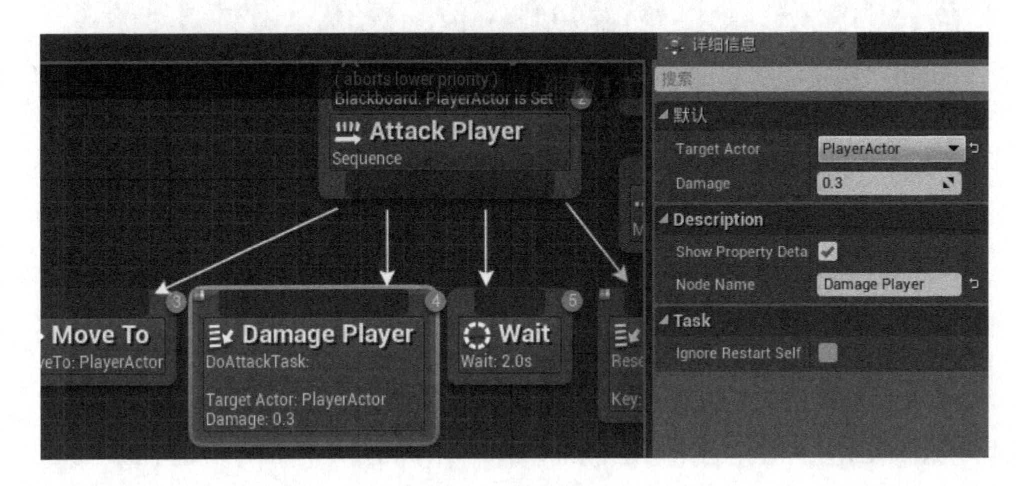

图 6.3 设置行为树

单击 **DoAttackTask** 节点，并将**详细信息**面板中的 **Target Actor** 更改为 `PlayerActor`，将 **Node Name** 更改为 `Damage Player`。现在行为树中设置了使用 `apply damage` 的自定义事件，我们应该在地图中合适的位置测试这个功能。然而，在编译、保存和测试后，当敌人与角色达到近战距离时，尽管应用了伤害，但角色的血条似乎没有受到影响。要解决这个问题，我们必须添加一个事件，以在伤害发生时更改血条。转到**内容浏览器**，在 **FirstPersonBP>>Blueprints** 文件夹查找并打开 **FirstPersonCharacter**。

6.1.2 更新血条

回想在前面的章节中，我们将 HUD 上显示的血条与 **FirstPersonCharacter** 中变量联系起来。为了显示血条由于受伤而减少，必须在每次受到伤害时减少玩家

health 变量的值。我们还要确保玩家血量永远不会低于 0，以避免出现血量负值的常识性错误。最终结果如图 6.4 所示。

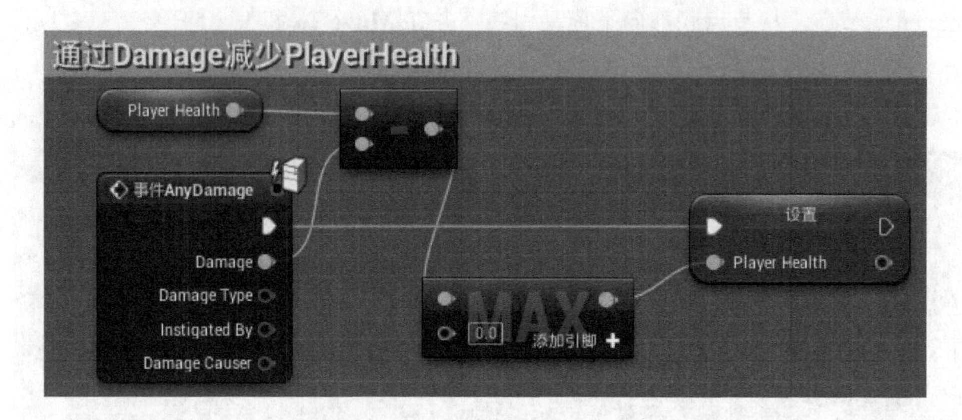

图 6.4 HUD 显示玩家健康值

首先将**事件 Any Damage** 节点添加到图表空白区域中。将 **Player Health** 变量拖动到图表上，并使用它来创建**获得 Player Health** 节点。将此变量节点附加到 **Float - Float** 节点。现在从事件节点的 **Damage** 输出引脚拖出一根引线，并将其连接到 **Float - Float** 节点的底部输入引脚①。

要确保健康值永远不会低于 0，请从 **Float - Float** 节点的输出引脚拖出一根引线，并将其附加到 **Max**（Float）节点。使底部输入字段的默认值为 0.0。该节点将返回作为输入给出的两个值中的较高值，使得如果计算的 health 值为负值，则它将返回 **health** 值的最小值 0.0，而不是在减去伤害后得到的负值。最后，将 **Max (Float)** 节点的输出引脚连接到**设置 Player Health** 节点，以调整变量值，从而显示 **health** 值的血条。

选中所有这些节点并创建描述功能的注释。然后编译、保存，并单击**播放**按钮进行测试。这时，当敌人进入与玩家的近战范围内时玩家掉血（HUD 显示掉血需确保 **FirstPersonBP>>UI** 文件夹内的 **HUD** 蓝图中，**HealthBar** 绑定

① 译者注：此处引脚为 PlayerHealth-Damage，因此需要确认 damage 连接的是底部引脚。

了相关函数，如图 6.5 所示，并且 **FirstPersonCharacter** 蓝图中 **PlayerHealth** 变量的默认值设定的比较小，1.0 是个不错的选择），当玩家 **health** 值耗尽时停止攻击。

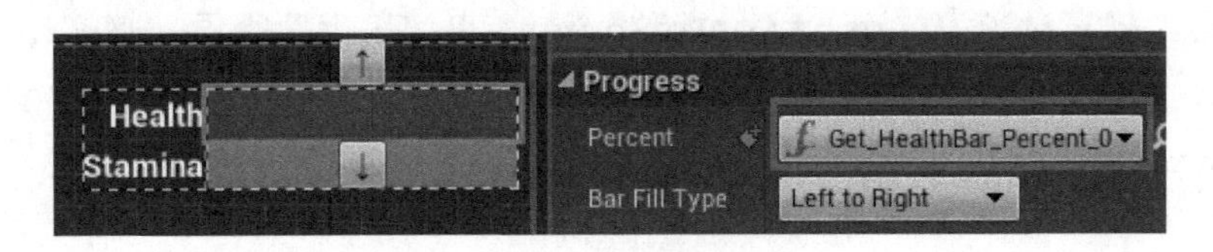

图 6.5 相关设置

6.2 让敌人听到并分析声音来源

现在敌人可以攻击玩家让玩家掉血，接下来为敌人添加探测玩家的功能。如果敌人只能追逐直接在他们面前走动的玩家，那么玩家可以很容易地避开这些敌人。为了解决这个问题，我们将利用 **PawnSensing** 组件来让敌人检测到玩家在附近发出的声音。如果玩家在敌人的检测范围内发出声音，敌人将走到该声音的位置并进行调查。再如果他们看到玩家在他们的视线中，他们将试图攻击。否则，他们将在声音的位置等待一会儿，然后再继续巡逻。

6.2.1 添加听觉至行为树

向 AI 引入附加功能的第一步是确定该逻辑在行为树中的位置。转到**内容浏览器**，打开 **Enemy** 文件夹，然后打开 **EnemyBehavior**。当敌人听到声音时，触发一系列事件。我们希望敌人在看到玩家后继续攻击玩家，因此调查声音在行为树中应该具有较低的优先级。将 **Attack Player** sequence 及其所有任务节点进一步移动到行为树中的左侧，在 **Attack Player** 和 **Move to Patrol** 之间留出空间，在这里添加听力 **sequence**。从 **Selector** 节点向下拖动引线，并添加新的 **Sequence** 节点。将此节点重命名为 **Investigate Sound**。

要让敌人调查听到声音的点，需要跟踪两个信息：第 1 个是是否听到了声音，第2个是发出声音的位置。因此，位置是敌人AI应该调查的。我们将在**Blackboard**中创建两个键来存储此信息。单击**EnemyBehavior**的**Blackboard**选项卡，打开**EnemyBlackboard**。之后，单击**新键值**（New Key）按钮，并选择创建一个**Vector**类型的键，将它命名为`LocationOfSound`。再次单击**新键值**，这次创建**Bool**类型的键，并将其命名为`HasHeardSound`。创建完毕后，单击行为树选项卡（或双击打开`EnemyBehavior`），返回到行为树视图。

在开始创建任务之前，可以设置一个条件，确定何时应该进行声音调查。为此，右键单击**Investigate Sound**序列节点，将鼠标悬停在**添加装饰器**上，然后单击**Blackboard**选项。单击选中蓝色装饰器，看到**详细信息**面板。在**Flow Control**下，将**观察者中止**更改为**Lower Priority**。这将确保调查可以在听到声音时开始，通过中止较低优先级的任务，比如敌人在巡逻任务的中途听到声音时，就会中止巡逻（低优先级任务）。现在看到**Blackboard**类别，将**Blackboard Key**更改为**HasHeardSound**。随着**Key Query**被设置为**Is Set**，将允许**Investigate Sound sequence**任务仅在实际听到声音时触发。最后，将该装饰器的**Node Name**命名为`Heard Sound?`，如图6.6所示。

图6.6 添加装饰器

6.2.2 设置调查任务

继续创建一些任务，使用这些任务让敌人调查声音的位置。调查序列的第一个动作是将敌人移动到声音的位置。我们已经在攻击序列（attack sequence）中做了类似的事情。将引线从 **Investigate Sound sequence** 中向下拖动，并添加 **Move To** 任务节点。

在 **Move To** 节点的详细信息面板中，将 **Blackboard Key** 更改为 **LocationOf-Sound**。拖动第二根引线并添加 **Wait** 节点。将 **Wait Time** 更改为 4 秒，将 **Random Deviation**（随机偏差）更改为 1 秒。这将使敌人移动至听到的声音的位置，并在该位置等待 3 秒到 5 秒以寻找玩家。

一旦敌人在调查地点完成等待，就要重置包含听到声音的信息的布尔型键。这样当听到新的声音时，该键可以再次设置为真，可触发另一个调查。之前已经创建了一个名为 **ResetValueTask** 的自定义任务，还需要另一个执行类似功能的任务，但是能够重置布尔值。

单击行为树顶部的**新建任务**按钮，然后从显示的下拉菜单中选择 **BTTask_BlueprintBase** 选项。返回**内容浏览器**，在 **Enemy** 文件夹中找到名为 **BTTask_BlueprintBase_New** 的新任务对象，并将此对象重命名为 **ResetBoolTask**。双击 **ResetBoolTask** 返回任务的选项卡。我们将连接一组蓝图逻辑，来处理当听到声音时，告诉 AI 需要在哪设置布尔变量，如图 6.7 所示。

在**我的蓝图**面板添加两个变量，将第 1 个变量命名为 **Key**，并将其类型更改为 **BlackboardKeySelector**。将第 2 个变量重命名为 **Bool**，并将其类型更改为 **Boolean**。最后，确保这两个变量为**可编辑**。

现在为任务添加行为，向事件图表添加**事件 Receive Execute** 触发器节点，将引线从执行引脚拖出并添加 **Set Blackboard Value as Bool** 节点。接下来，将 **Key** 变量拖动到 **Key** 输入引脚上。然后，将 Bool 变量拖动到 **Value** 输入引脚。最后，从 **Set Blackboard Value as Bool** 的输出执行引脚拖出引线，并将其连接到 **Finish Execute** 节点，勾选 **Finish Execute** 节点的 **Success** 旁的复选框。

除了处理执行事件之外，还必须解决当行为树中的听力序列被较高优先级的攻击序列中止执行时的情况。即使听力序列在进行中被中止，我们仍然需要确保 **HasHeardSound** 变量被重置。

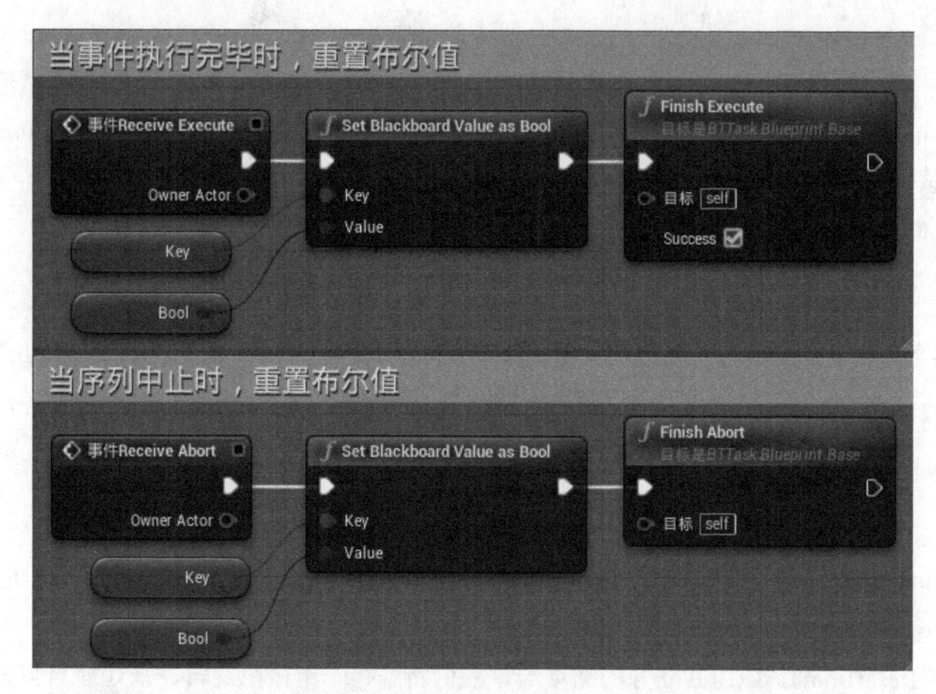

图 6.7　重置变量蓝图

向图中添加**事件 Receive Abort** 触发器节点，并将其附加到另一个 **Set Blackboard Value as Bool** 节点。与之前一样，将 **Key** 变量拖动到 **Key** 输入引脚，将 **Bool** 变量拖动到 **Value** 输入引脚。最后，从 **Set Blackboard Value as Bool** 节点的输出执行引脚拖出引线，将其连接到 **Finish Abort** 节点。编译保存任务并返回到 **EnemyBehavior**。

将引线向下拖动，并将 **ResetBoolTask** 任务节点放置在 **Wait** 节点的右侧。在 **ResetBoolTask** 的**详细信息**面板中将 **Key** 选择更改为 **HasHeardSound**。还应该将节点名称（**Node Name**）更改为 `Reset Player Heard`，以便见名知意了解其功能，如图 6.8 所示。

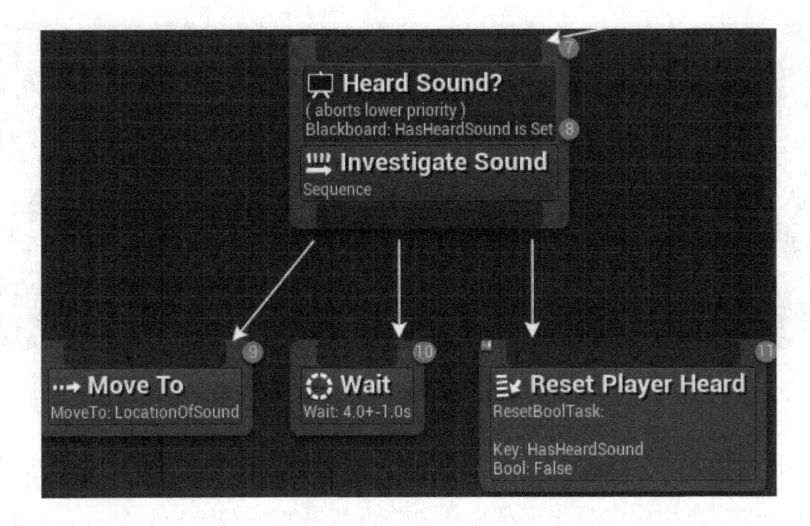

图 6.8 最后一个序列

6.2.3 存储噪声事件数据

添加到 **EnemyController** 的 **PawnSensing** 组件，在敌人 AI 中为我们建立视觉和听觉感知的基础。因此，需要返回到 **EnemyController** 并添加一些蓝图，指示我们的 AI 如何对周围的世界中的声音做出反应。在**内容浏览器**的 **Enemy** 文件夹中，找到并打开 **EnemyController**。

在**组件**面板中，单击 **PawnSensing** 对象，然后在**详细信息**面板使用搜索功能或在**事件**分类添加 **OnHearNoise（PawnSensing）**节点。此节点将在附加到 **EnemyController** 的 **PawnSensing** 组件检测到由 pawn 发出的特殊声音时激活。我们需要设置蓝图，使敌人只侦测在短距离内的声音。否则，玩家从地图对面的角落开枪时，敌人就会立即知道玩家的位置了。这对玩家来说也是不公平的。

将 **Branch** 节点附加到 **OnHearNoise (PawnSensing)** 节点。在继续存储关于噪声事件的数据的节点之前，首先检查噪声是否发生得足够接近敌人以触发我们的调查动作，因此必须比较检测到的噪声事件的位置和敌人的位置。我们将通过设置矢量比较来实现这一点，如图 6.9 所示。

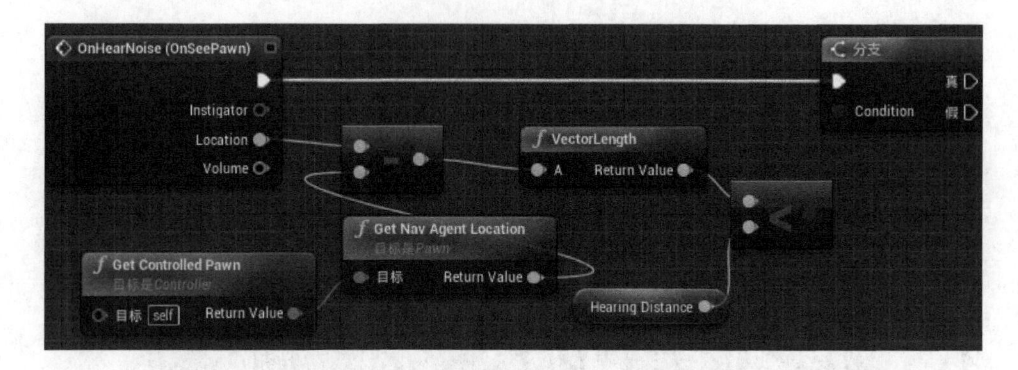

图6.9 检测噪声源与敌人距离的蓝图

要找出敌人做侦听的位置，需创建一个 **Get Controlled Pawn** 节点，然后从 **Return Value** 输出引脚中拖出一根引线，并将其附加到 **Get Nav Agent Location** 节点。这两个节点将输出由我们当前编辑的AI控制器控制的pawn对象的位置。

要从噪声的矢量位置中减去敌人的矢量位置，以得到距离，因此从 **OnHear-Noise (PawnSensing)** 的 **Location** 输出引脚拖出一根引线，并将其附加到一个 **Vector - Vector** 节点。接下来，将 **Vector - Vector** 节点的底部输入引脚连接到 **Get Nav Agent Location** 的返回值输出引脚。从 **Vector - Vector** 节点的输出引脚拖动一根引线，并将其连接到 **Vector Length** 节点。这将把向量长度转换为浮点数。

我们现在可以评估计算的浮点数是否小于为敌人的听觉范围定义的阈值距离。从 **Return Value of the Vector Length** 节点拖出一条引线，并将其附加到 **Float < Float** 节点。与定义属性的任意值一样，可以在此创建一个变量来替换数字字段，以便以后更容易调整阈值。为此，创建一个float类型的新变量，并为其赋予一个与你需要的数字匹配的默认值，将这个变量命名为 `HearingDistance`，并将默认值设为 `1600`。有时可能需要调整此值，以适合地图的大小。之后，将变量连接到 **Float < Float** 节点的底部输入引脚。

要完成条件判断，请将 **Float < Float** 的输出引脚连接到**分支**节点的 **Condition** 输入引脚。这完成了我们需要的步骤，以确保所听到的声音在作用范围内。现在我们需要在黑板中存储关于那个声音的数据，以便行为树可以访问它，如图6.10

所示。

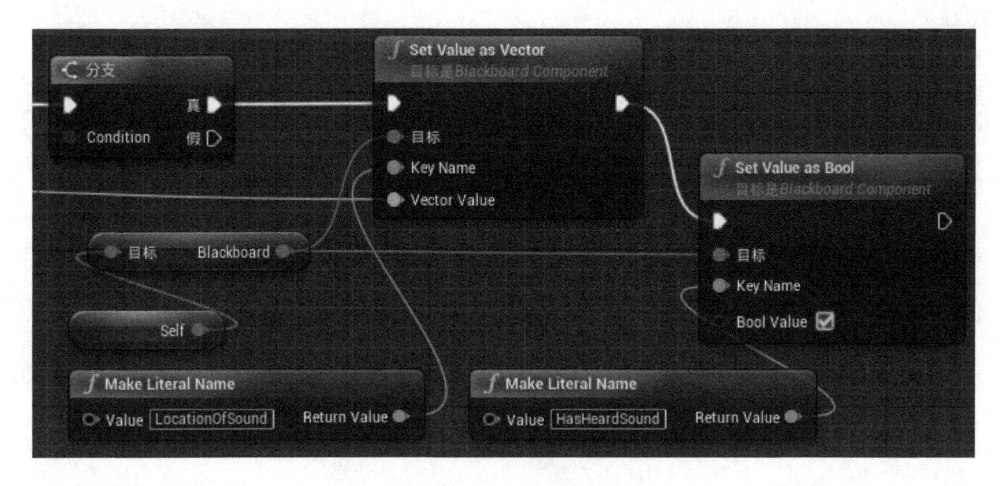

图 6.10 完成判断逻辑

首先从**分支**节点的**真**输出执行引脚拖出一根引线，然后将其连接到 **Set Value as Vector** 节点。我们需要提供这个节点的 3 个输入来存储关于声音位置的数据。首先，从 **Target** 输入引脚拖动一根引线，并将其连接到 **Get Blackboard** 节点。然后从 **Get Blackboard** 的 **Target** 输入拖动一根引线，并将其附加到 **Self**（获得一个到自身的引用）节点。接下来，从 **Set Value as Vector** 节点的 **Key Name** 输入引脚拖出一根引线，并将其附加到 **Make Literal Name** 节点。在 **Value** 输入中键入“LocationOfSound”，因为我们要将向量位置存储在 **Blackboard** 的相应键中。最后，将引线从 **OnHearNoise（Pawn Sensing）**事件节点的 **Location** 输出引脚拖到 **set Value as Vector** 节点的 **Vector Value** 输入引脚。

我们需要做的最后一件事是存储在 **Blackboard** 中听到的声音的信息。从 **Set Value as Vector** 的输出执行引脚拖出引线，并将其附加到 **Set Value as Bool** 节点。从先前使用的 **get Blackboard** 节点的**返回值**输出引脚，拖动第二根引线到 **set Value as Bool** 的 **Target** 输入引脚。现在从 **Key Name** 输入引脚中拖出一根引线，并将其附加到一个新的 **Make Literal Name** 节点。在此值输入内，键入“HasHeardSound”。最后，确保勾选 **Set Value as Bool** 的 **Bool** 值复选框，用来以指定已听到的声音。将整个系列节点选中进行注释（存储噪声事件数据），编译并保存。

6.2.4 为玩家的动作添加噪音

现在我们已经修改了敌人AI，以便能够检测广播给监听者的声音。这时还需要创建蓝图节点，以触发听觉响应并将其附加到玩家动作。如果开枪射击可以吸引附近敌人注意到玩家的存在和位置，那么玩家可能会考虑是否对敌人开火。

EnemyController 的 **PawnSensing** 组件只能检测从 **PawnNoiseEmitter** 发出的噪声，玩家开枪时的声音效果不会触发敌人 **PawnSensing** 组件。

从**内容浏览器**中的 **FirstPersonBP>>Blueprints** 文件夹打开 **FirstPerson-Character**。单击**添加组件**按钮并添加 **PawnNoiseEmitter**。**此组件必须添加到玩家，**以便广播的噪声被pawn sensor检测到。我们现在将改造玩家的冲刺和射击功能，利用 **PawnNoiseEmitter** 组件在玩家冲刺和射击时，产生可检测的噪声。

首先添加冲刺噪声，可以在触发sprint的节点块的末端附加产生噪声的节点。然而，这将只有在冲刺按钮按下时产生噪声。作为一个重复的事件，只要玩家多次冲刺，冲刺模块就会在玩家角色每次踏步时产生噪声。由于冲刺时消耗玩家的体力值（sprint），按下冲刺按钮时，我们也有机会重新利用这个消耗功能，反复产生噪声。

首先查找以 **Sprint Drain** 自定义事件开始的节点块，从**设置 Player Stamina** 节点的执行输出引脚拖动一条引线，并将其附加到 **Make Noise** 节点。该节点将产生可由 **Enemy** 控制器的 **PawnSensing** 组件检测的噪声，如图6.11所示。

随着 **Make Noise** 的连接，从 **Noise Location** 输入引脚拖出一根引线，并将其附加到 **Get Actor Location** 节点。然后从 **Make Noise** 的 **Noise Maker** 输入引脚拖出一根引线，并将其连接到 **Self** 节点。最后，将 **Loudness** 输入字段更改为 `1`。为这些节点添加注释以反映新功能，最终结果如图6.12所示。

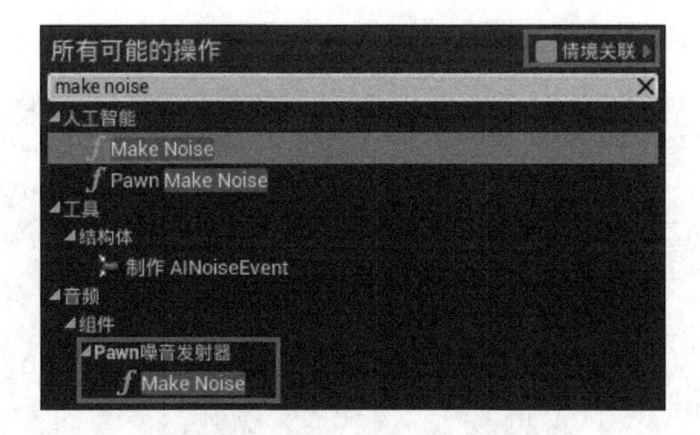

图 6.11 添加 Make Noise 节点

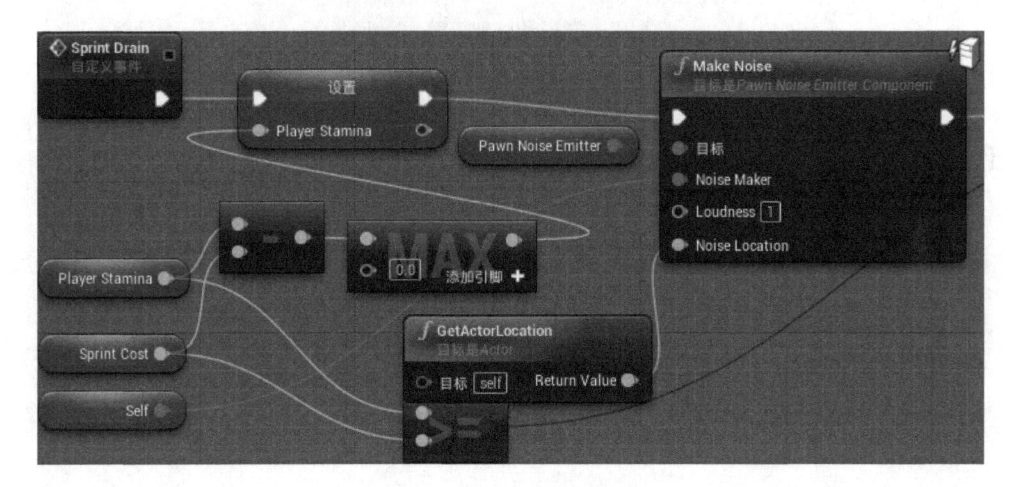

图 6.12 产生噪声

接下来，要找到当玩家开枪时产生子弹的蓝图模块。在第 3 章“创建屏幕 UI 元素”中，我们在此序列的末尾添加了几个节点，这些节点使每次射击时都减少了弹药计数。找到 **Set Player Current Ammo** 节点，并将引线从其输出执行引脚拖动到 **Make Noise** 节点。模仿冲刺噪声的步骤，将 **Self** 节点连接到 **Noise Maker** 输入引脚，将（之前创建的）**Get Actor Location** 节点连接到 **Noise Location** 输入引脚，将 **Loudness** 输入设置为 `1`，如图 6.13 所示。

编译、保存并单击**播放**按钮进行测试。当你在敌人身后或在其视野之外时，冲刺或开枪会让敌人到在你发出噪声的位置进行“调查”。如果在调查期间出现在敌人的视野内，他们将开始直接朝你走来。

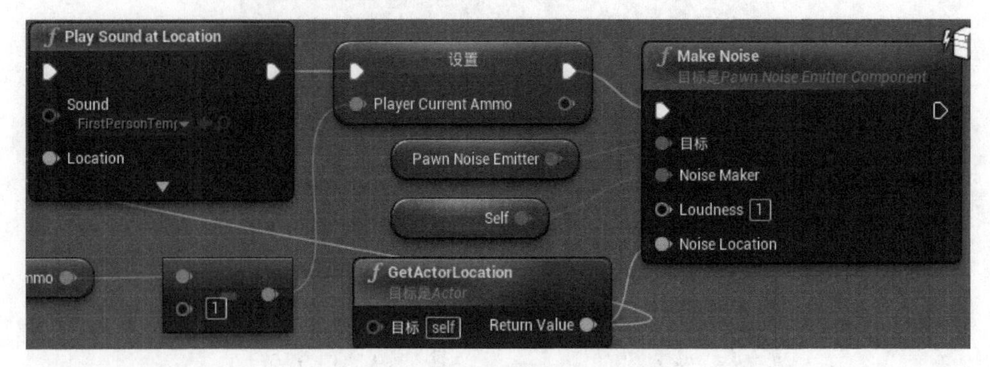

图6.13 发射子弹时Make Noise

6.3 击杀敌人

随着视觉和声音检测的创建，你可能发现现在很难避开敌人。我们现在将把注意力转向游戏平衡的另一面，并让玩家拥有打击敌人的手段。

通过重复使用现有蓝图节省时间

回想起来，在前面的章节中，我们创造了目标圆柱体，玩家可以在几次击中后摧毁目标。我们想给玩家类似的能力来减轻新敌人提供的威胁。为此，可以重新调整之前已经创建的这个蓝图模块来处理伤害和摧毁目标。

导航到**内容浏览器**，进入**FirstPersonBP>>Blueprints**文件夹，并打开**Cylinder-Target_ Blueprint**。在**事件图表**中，查找由**Event Hit**节点触发的模块。框选中所有蓝图节点并复制，如图6.14所示。

复制节点后，返回到**内容浏览器**并打开**Enemy**文件夹中的**EnemyCharacter**。在图表空白处，单击[Ctrl]（PC）或[command]（Mac）加[V]键，以粘贴以前复制的蓝图节点在此事件图表。如果现在尝试编译，则一些错误和警告将出现在一些节点上，如图 6.15 所示。

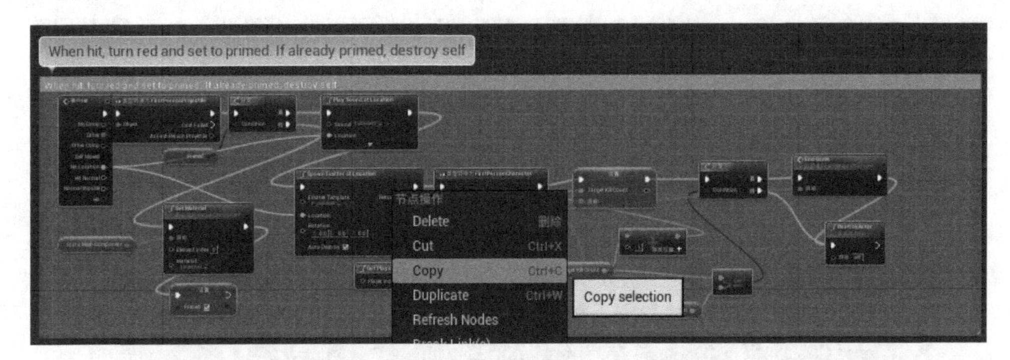

图 6.14 复制节点

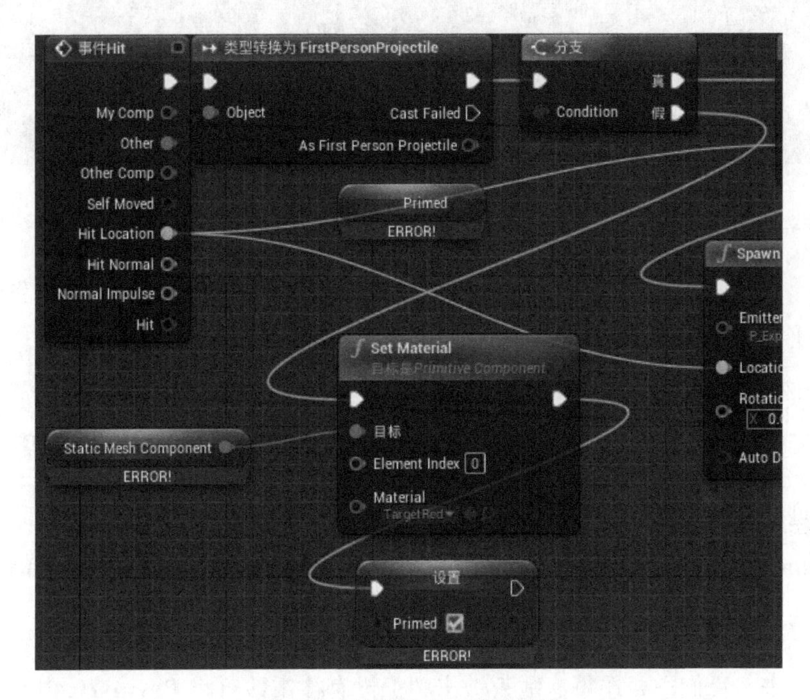

图 6.15 粘贴节点，编译报错

这些错误和警告存在于目标圆柱体蓝图的组件和属性的节点上，但是在 **EnemyCharacter** 蓝图中不再有访问权限。删除**获得 Primed** 和**设置 Primed** 节点，以及连接到分支节点的 **False** 输出执行引脚的 **Set Material** 节点和 **Static Mesh Component**。

我们需要一个变量来存储当敌人受到伤害时health值的变化。从**我的蓝图**面板中，创建一个名为**EnemyHealth**的新变量，将其类型更改为**整型**，然后选中**可编辑**复选框，编译后，将其默认值更改为每个敌人在被杀之前想要获得的命中数。在本书的项目中，此值设置为3。接下来，我们将使用此变量来检查命中是否应该销毁敌人，或者只是将其**health**值减1。用于处理此分支逻辑的节点如图6.16所示。

图6.16 处理分支逻辑的蓝图

首先，需要确定条件节点。该节点将记录敌人是否被命中破坏。因为我们希望敌人在达到**health**值为0时被毁灭，所以可以对现有的敌人**health**和整数1进行比较。此外，因为这个检测发生在**health**值减少之前，每次命中**health**值都会减1，所以我们知道在**health**值为1或更少的情况下接受伤害时，敌人的**health**值将为0。

通过找到由**Cast to FirstPersonProjectile**节点引导的**分支**节点，从此节点的**Condition**输入中拖出一根引线，并将其连接到**Int <= Int**节点。将**EnemyHealth**变量拖动到此节点的顶部输入引脚，然后在底部输入字段中键入1。

接下来，我们需要在每次敌人被击中但没有被击毁时将**EnemyHealth**减少1。从分支节点的**False**输出执行引脚拖动一根引线，并将其附加到**设置Enemy Health**节点。现在将**Enemy Health**输入引脚连接到**Int-Int**节点。最后，将**EnemyHealth**变量拖动到**Int-Int**的顶部输入引脚，并在底部输入字段中键入1。

从现在开始，当玩家击中敌人3次，造成的伤害等于**EnemyHealth**的值时，它们像类似于前面章节中目标圆柱体一样，爆炸并被破坏。编译、保存，然后单击**播放**按钮以测试效果。[①]

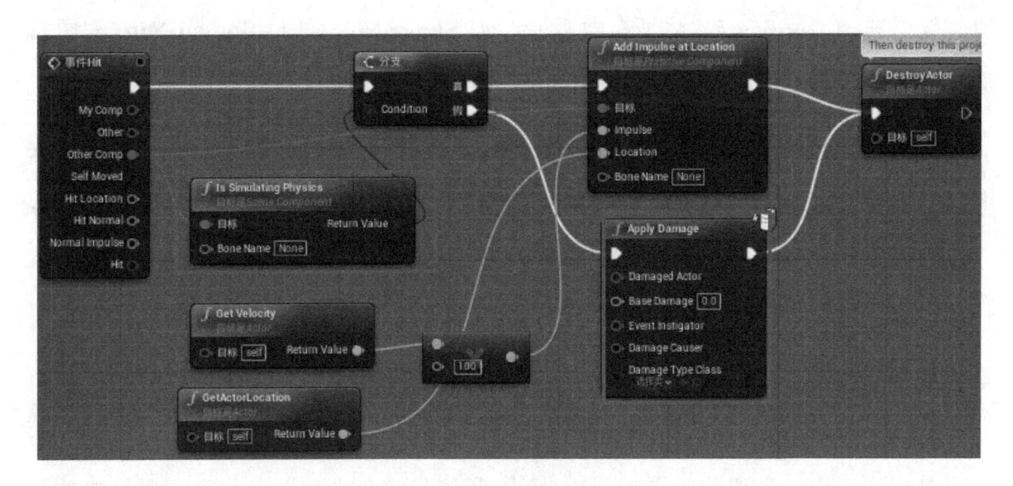

图 6.17[②] 添加 Apply Damage 节点

6.4 在游戏过程中产生更多的敌人

现在我们能够击杀敌人，需要再次提高玩家的难度。为了做到这一点，将在玩家玩游戏时于关卡中产生新的敌人。如果玩家能够击杀关卡中出现的前几个敌人，将跳到下一关，每关的难度将逐渐增加。

6.4.1 选择敌人出生点

首先，我们必须决定敌人将在关卡中的何处生成，比如在与关卡中的圆形内的

① 译者注：如果你发现敌人一枪毙命，那么有一个问题应该让你纠结了很久：子弹碰撞到地面、目标圆柱体时，不会自动销毁。这是因为地面等对象中没有勾选 Simulate Physics 属性，在 projectile 蓝图中，Is Simulation Physics 节点判断了与子弹碰撞对象是否进行物理模拟。因此，子弹击中未勾选 Simulate Physics 的对象时就不会执行 Destory Actor，在分支节点的“假”引脚与 Destory Actor 节点之间添加 Apply Damage 节点即可解决问题，如图 6.17 所示。

② 译者注：在运行游戏时，如果可以看到敌人周围胶囊体组件，可以选中该组件，在细节>>Rendering 中，勾选 Hidden in Game。

随机点中产生敌人。通过单击 **FirstPersonExampleMap** 选项卡返回到关卡编辑器。在**世界大纲面板**中查找 **PatrolPoint1** 对象。通过右键单击对象来复制对象，选择**编辑**，然后选择 **Duplicate**。将新对象重命名为 **SpawnPoint**。将 **SpawnPoint** 对象移动到关卡中心附近，确保它位于玩家和敌人可到达的地方。

我们将在**关卡蓝图**中放置创建新敌人的蓝图节点。关卡蓝图是一个与整个关卡绑定的特殊蓝图，用作全局事件图表。它们特别适合设置特定关卡的项目，例如敌人在关卡中的分布。为了编辑关卡蓝图，需要单击关卡编辑器工具栏中的**蓝图**按钮，然后选择**打开关卡蓝图**选项。

6.4.2 使用变量管理敌人生成的速率和数量

我们将逐步产生那些关卡的敌人，而不是依靠将敌人放置在一个巡逻队中的一个关卡，以向玩家呈现更具侵略性的威胁。因此，我们将设置生成逻辑在一个循环中重复触发，生成之间的时间由变量决定。在**我的蓝图**面板中，添加一个名为 **SpawnTime** 的新变量，将其类型设置为浮点型，使其可编辑，编译后将默认值设为10，即每10秒生成一个敌人。

除了设置生成率，我们还将需要限制对敌人生成的数量。如果不对这个进行限制，敌人会每10秒产生一次，直到游戏结束时，可能关卡中都是敌人。为了防止这种情况，将创建一个额外的变量来设置敌人数量上限。创建另一个变量并将其称为 **MaxEnemies**，将变量类型设置为 **Integer** 并使其可编辑。项目中设置 **MaxEnemies** 的默认值为5，但也可以设置数字为高或低，只要是在关卡可以支持的敌人数量的范围内即可，如图6.18所示。

为了使 **MaxEnemies** 作为一个上限的关卡上存在的敌人的数量上限，我们需要一种方法来跟踪当前的敌人数量。为此，我们将暂时离开关卡蓝图，而是打开在内容浏览器的 **FirstPersonBP>>Blueprints** 文件夹中找到的 **FirstPersonCharacter** 蓝图。在 **FirstPersonCharacter** 中，创建一个名为 `CurrentEnemyCount` 的新变量，将其类型设置为**整型**，并确保选中**可编辑**。

图 6.18 添加两个变量

现在我们有一个变量来跟踪当前敌人的数量，当敌人被击杀时需要减少这个值。回想一下，管理摧毁敌人的蓝图节点位于 **EnemyCharacter** 蓝图中。在**内容浏览器**中打开 **Enemy** 文件夹，然后打开 **EnemyCharacter** 蓝图，如图 6.19 所示。

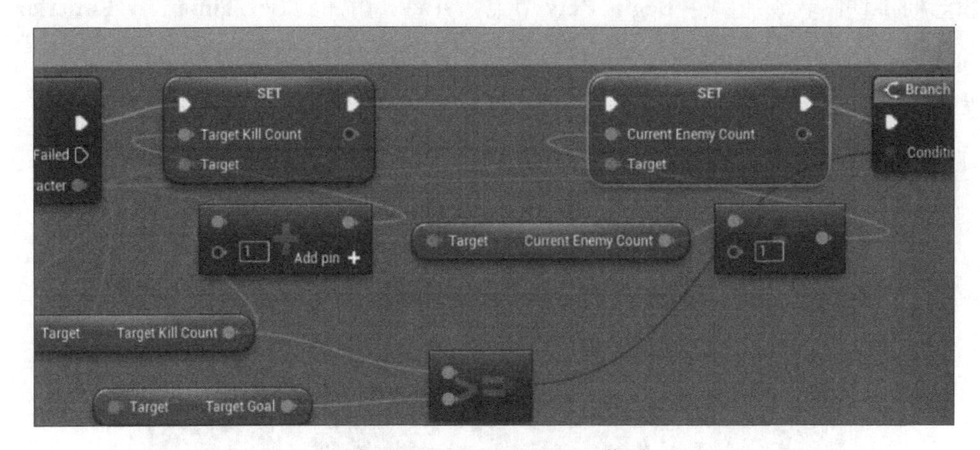

图 6.19 EnemyCharacter 蓝图

在 **EnemyCharacter** 蓝图中，找到由**事件 Hit** 节点触发的一系列节点，在此节点序列的末尾附近找到**类型转换为 FirstPersonCharacter** 节点。在**设置 Target Kill Count** 节点和**分支**节点之间创建一些额外的空间，并中断其输入和输出执行节点之间的连接。将引线从 **FirstPersonCharacter** 的 **As First Person Character** 输出引脚拖出，并将其连接到**设置 Current Enemy Count** 节点，将引线从此节点的当前 **Enemy Count** 输入引脚拖动到 **Int-Int** 节点。

现在从**类型转换为 FirstPersonCharacter** 的 **As First Person Character** 输出引脚拖出另一根引线，并将其附加到**获得 Current Enemy Count** 节点。将此节点连接到 **Int-Int** 节点的顶部输入引脚，并用1填充底部输入字段。接下来，将**设置 Target Kill Count** 节点连接到**设置 Current Enemy Count** 的输入执行引脚。最后，将此节点的输出执行引脚连接到**分支**节点。现在，我们已经建立了变量来确定生成率并限制一个关卡中的敌人数量，返回到关卡蓝图。

6.4.3 在关卡蓝图中设置生成敌人的蓝图

回到关卡蓝图，把注意力转向事件图表。我们想要在游戏执行时立即启动产生逻辑，并且在每几秒钟之后以由 **SpawnTime** 变量确定的速率在循环中启动产生逻辑。向事件图表添加**事件 Begin Play** 节点，并将其附加到 **Set Timer by Function Name** 节点，将 **SpawnTime** 变量拖动到时间输入引脚，然后勾选 **Looping** 输入引脚旁边的复选框。最后，在 **Function Name** 输入字段中键入"**Spawn**"。我们将创建一个自定义的 **Spawn** 函数，每次通过这个循环都会调用它。围绕这些节点创建一个注释，作为这个循环的函数的提示。如图6.20所示。

图6.20 循环创建敌人蓝图

现在，通过搜索并选择“**添加自定义事件…**”，将自定义事件节点添加到图表空白处，并将该节点重命名为 **Spawn**。从 **Spawn** 节点中拖动一条引线并将其附加到**类型转换为 FirstPersonCharacter** 节点，现在将此节点的输出执行引脚附加到**分支**节点。

从 **Cast to FirstPersonCharacter** 的 **Object** 输入节点拖出引线，并将其附加到 **Get Player Character** 节点。然后，从 **As First Person Character** 输出引脚拖出引线，并将其附加到**获得 Current Enemy Count** 节点，将此节点的 **Current Enemy Count** 输出引脚附加到 **Int <Int** 节点。接下来，将 **MaxEnemies** 变量与 **Int <Int** 节点的底部输入引脚相连。最后，从**分支**节点的 **Condition** 输入引脚拖出一根引线，并将其连接到 **Int <Int** 节点的输出引脚，如图 6.21 所示。

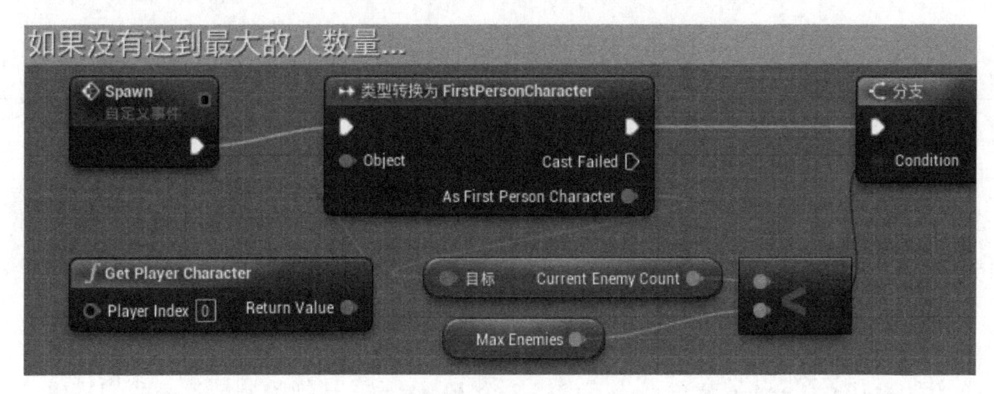

图 6.21 判断敌人数量

下一步是生成一个敌人。为此，从**分支**节点的 **True** 输出执行引脚拖出一根引线，并将其连接到 **Spawn AI From Class** 节点。此节点是定制构建的，用于生成新的 AI 对象，并且需要你指定 **pawn** 和行为树。从 **Pawn Class** 输入引脚的下拉菜单中选择 **Enemy Character**，并为 **Behavior Tree** 输入选择 **EnemyBehavior**。现在我们需要获得这个节点其余输入：位置 **Location** 和旋转 **Rotation**，如图 6.22 所示。

首先将选项卡切换回关卡编辑器。在 **FirstPersonExampleMap** 的**世界大纲**面板中，单击 **SpawnPoint** 对象，使其突出显示。选择 **SpawnPoint** 后，返回到关卡蓝图。在 **Spawn AI From Class** 节点的左侧，右键单击图表空白处，确保选中**情境**

关联，然后选择**创建一个到 SpawnPoint 的引用（Create a Reference to SpawnPoint）**选项，将出现的节点附加到 Get Actor Location 节点。然后，将此节点的返回值输出引脚附加到 **Get Random Reachable Point in Radius** 节点。

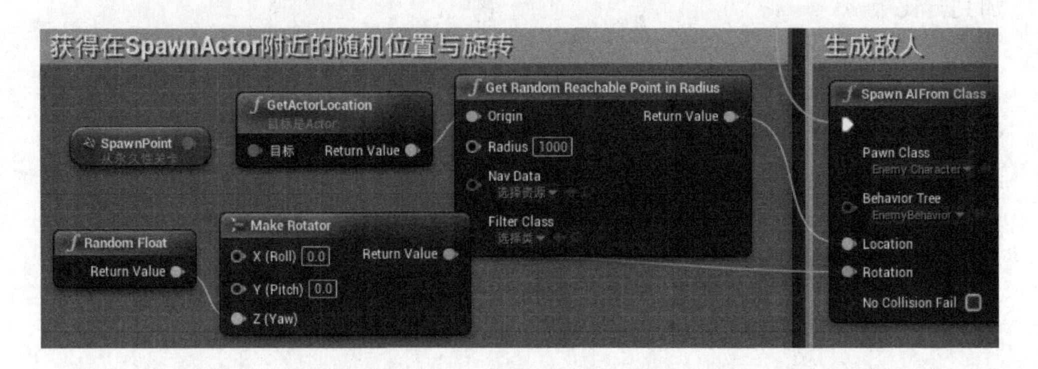

图 6.22 获得随机的敌人出生点

在 **Get Random Reachable Point in Radius** 将位置作为输入，并返回指定距离内的随机位置作为输出。将此节点的 **Radius** 输入设置为一个较大的数字，比如 `1000.0` 是一个适当的数字，以充分利用关卡可用于生成。将返回值输出引脚附加到 **Spawn AI From Class** 节点的 **Location** 输入。

接下来，从 **Spawn AI From Class** 的 **Rotation** 输入引脚拖动一根引线，并将其连接到 **Make Rotator** 节点。此节点将 3 个 **Float** 输入转换为旋转值。我们只想在 **Yaw** 轴上为敌人选择一个随机旋转，因此从 **Yaw** 输入引脚拖出一根引线，并将其附加到 **Random Float** 节点。**Spawn AIFrom Class** 节点的 **No Collision Fail** 引脚用于启用或禁用内置检查，以查看 actor 的预期生成位置是否被另一个对象的冲突。如果检查失败，这意味着 actor 将被部分生成在另一个对象中，那么 actor 将无法生成。因为我们想要确保敌人不会在其他对象内部产生，所以将不勾选这个复选框，在此系列节点周围创建注释。

最后一步是在每次产生敌人时增加敌人的数量。从**类型转换为 FirstPerson-Controller** 节点拖出第二根引线，并将其附加到**设置 Current Enemy Count** 节点。将此节点移动到 **Spawn AI From Class** 节点的右侧，并连接两个执行引脚。现在，从类型转换节点附近的**获得 Current Enemy Count** 节点拖出第二根引线，并将其附加到 **Int + Int** 节点。将底部输入字段更改为 1，并将节点移动到 **Spawn AIFrom Class** 的右侧。将 **Int + Int** 节点的输出引脚连接到**设置 Current Enemy Count** 节点的 **Current Enemy Count** 引脚。向这些节点添加描述性注释后，结果如图 6.23 所示。

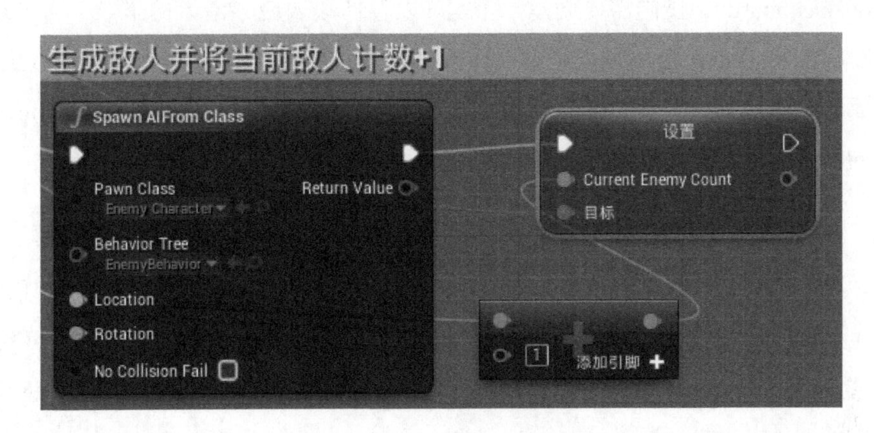

图 6.23 增加敌人的计数

编译、**保存**并单击**播放**按钮测试敌人生成。根据设置的生成率和放置的生成点，在运行游戏时，应该可以看到新的敌人出现。然而，敌人一旦产生就不会移动，除非他们听到或看到玩家，这是因为他们不是用已建立的巡逻点来创建的。我们不会为所生成的敌人添加巡逻点，而是将巡逻行为添加到敌人导航行为中，以增加新的随机性。

6.5 创建敌人巡逻行为

之前，我们将敌人的默认行为设置为两点之间的巡逻移动。虽然这个作为一个测试听力和观测组件的环境，适合潜行类的游戏，但我们将通过用随机漫游取代这种行为，以提高这个游戏的体验。这将使得玩家很难避开敌人，鼓励更直接地对抗。为此，我们将返回到 **EnemyBehavior** 行为树，从**内容浏览器**中的 **Enemy** 文件夹中

打开 **EnemyBehavior**。

6.5.1 使用自定义任务识别巡逻点

一旦你打开 **EnemyBehavior**，单击 **Blackboard** 选项卡（或直接双击打开 EnemyBlackboard）。我们需要创建一个键，以存储敌人应该漫游的下一个目的地的位置。与 **PatrolPoint** 键不同，我们的目标不会由 actor 表示，而是由向量坐标表示。在**黑板**面板中创建一个新的键，并将此键命名为 **WanderPoint**。将 **Key Type** 更改为 **Vector**。然后单击行为树选项卡返回行为树。

在行为树中，我们可以删除已经建立的两个 sequence（它们用来处理巡逻和空闲状态之间的移动），选择 **Move to Patrol** 和 **Idle** 序列节点及其附加的任务节点，并删除它们。现在从 **Selector** 节点拖出一根引线，并将其附加到一个新的 **Sequence** 节点。将此节点重命名为 **Wander**，并将此节点移动到 **Attack Player** 和 **Investigate Sound** 序列（sequence）的右侧。

`Wander` 序列的第一个任务将是确定在关卡上的敌人应该在哪里漫游。为此，我们需要创建另一个自定义任务。单击**新建任务**按钮，从下拉菜单中选择 **BTTask_BlueprintBase** 选项。返回内容浏览器，在 **Enemy** 文件夹中找到名为 **BTTask_BlueprintBase_New** 的新任务对象，并将此任务对象重命名为 **`FindWanderPointTask`**。双击 **FindWanderPointTask** 以打开新任务的事件图表编辑器。

我们将设置一个节点，以获取敌方 **actor** 的位置，并在该位置周围的半径内生成一个随机点。这一点将被存储为我们的随机巡逻点，如图 6.24 所示。

首先，我们需要在此任务中创建一个变量。这将允许我们建立一个对 **Blackboard Key** 的引用。添加一个新变量并将其称为 **WanderKey**，将类型设置为 **BlackboardKeySelector**，并确保选中了**可编辑**复选框。

现在向事件图表添加**事件 Receive Execute** 节点。从 **Owner Actor** 输出引脚拖出一根引线，并将其连接到**类型转换为 AIController** 节点，然后连接两个节点的执行引脚。现在我们可以访问 AI 控制器，访问它的受控 actor 的位置。从**类型转换为 AIController** 节点的 **As AIController** 输出引脚中拖出，并将其附加到 **Get Controlled Pawn** 节点。接下来，从该节点的返回值输出引脚拖出一根引线，并将其附加到 **Get Actor Location** 节点。

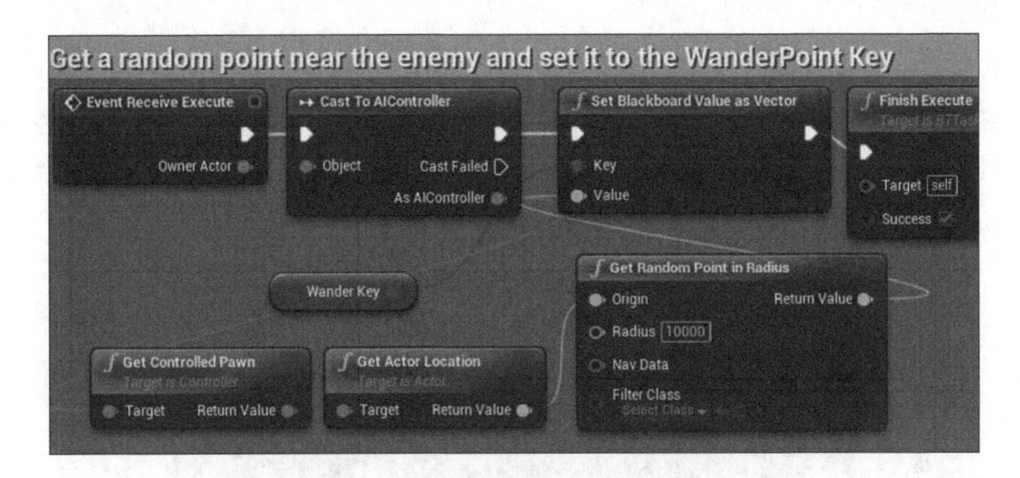

图 6.24 在敌人周围获取随机点并设置 WanderPoint Key

随着敌人角色的位置的获得，现在可以生成随机位置。这可作为敌人的随机巡逻点。从 **Get Actor Location** 的 **Return Value** 输出引脚中拖出一根引线，并将其连接到 **Get Random Reachable Point in Radius** 节点中的 **Origin** 引脚。将此节点的 **Radius** 值设置为一个比较大的值 `10000`，以覆盖大多数或所有关卡。

接下来，我们需要将这个向量存储在 Blackboard 中。从 **Get Random Reachable Point in Radius** 的返回值输出中拖出一根引线，并将其连接到 **Set Blackboard Value as Vector** 节点。将 **WanderKey** 变量拖动到此节点的 **Key** 输入上，然后将输入执行引脚连接到**类型转换为 AIController** 节点的输出执行引脚。最后，从 **Set Blackboard Value as Vector** 的输出执行引脚拖出一个引线，将其附加到 **Finish Execute Node**，并勾选 **Success** 复选框。

为节点添加描述性注释。然后，编译并保存此蓝图。单击 **EnemyBehavior** 选项卡返回行为树。

6.5.2 向行为树添加巡逻状态

既然已经创建了自定义任务，我们就可以创建任务序列，以使敌人找到一个巡逻点，然后移动到该点，并等待一段短暂的时间，如图6.25所示。

首先从**Wander**序列节点拖出一根引线，然后添加新的**FindWanderPointTask**任务节点与之相连。单击新节点并将**详细信息**面板中的 **Wander Key** 更改为 **WanderPoint**，将**Node Name**更改为**Get Next Wander Point**以更明确地说明其目的。

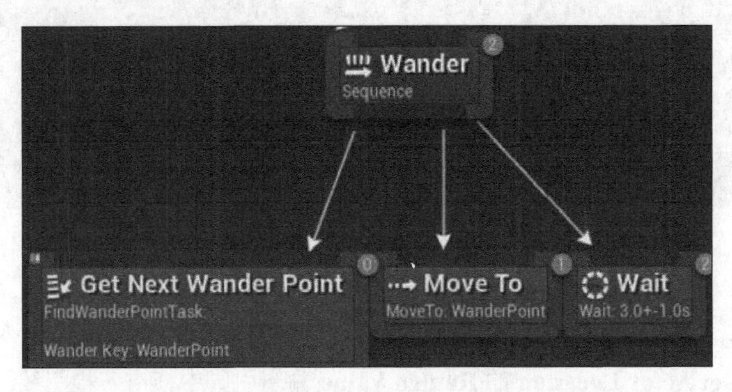

图6.25 添加任务节点

从**Wander**序列节点中向下拖动另一条引线，并将其附加到**MoveTo**任务节点。单击此节点并将 **Blackboard Key** 更改为 **WanderPoint**。将此节点移动到 **Get Next Wander Point** 节点的右侧。将第三条引线向下拖动并添加**Wait**任务节点，将该节点放在其他两个任务节点的右侧。在**详细信息**面板中，将 **Wait Time** 更改为3.0，将**Random Deviation**更改为1.0，以向等待时间提供一点差异，最后保存行为树。

在测试我们的工作之前，最后还应该做一些的修改。通过单击 **FirstPerson-ExampeMap**返回到关卡编辑器。任何手动放置在世界上的敌人现在都可以删除，因为我们现在有一个敌人生成器用来创造敌人。在**世界大纲**中查找敌人，并通过右键单击对象，选择**编辑**，然后选择 **delete** 来删除它们。

现在找到 **FirstPersonCharacter** 对象并选择它，在**详细信息**面板中，向下滚动，直到看到我们附加到角色蓝图的变量的列表。除非为这些变量创建了自定义类别，否则它们将列在“默认”类别下。从这里，我们可以轻松地修改决定玩家行为和赢利条件的数值。在这种情况下，我们要将目标值设得更高一些，以便游戏可以持续更长的时间。比如将这个值设置为 20，这样玩家必须在赢得游戏之前消除 20 个敌人，如图 6.26 所示。

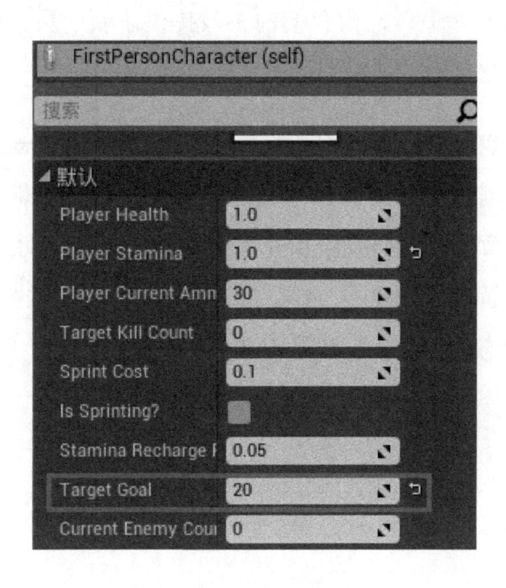

图 6.26　设置目标数

现在单击**播放**按钮运行游戏。可以看到生成的敌人在随机方向选择路径并向它们移动。当敌人到达他们的巡逻点，他们将在那里短暂停留，然后选择另一个随机点并走到那里。敌人选择彼此独立的巡逻点，是因为每个敌人都有自己的行为树实例。因此，每个行为树任务，例如我们刚刚创建的用于找到巡逻点的任务，对每个敌人独立运行。因为选择了更高优先级的序列中止低优先级序列，任何时候当敌人听到或看到玩家，他们都将结束他们的漫游运动，开始接近玩家或声音的位置。

6.6 小结

在本章中，我们创造一个具有挑战性，但不破坏游戏平衡的游戏体验，通过增强AI敌人的能力，给了敌人僵尸般的行为，让他们无目的地在关卡中漫游，直至“看到”玩家或“听到”玩家发出的声音。同时，还给敌人添加发动近战攻击时减少玩家的血量的能力。然后，我们给玩家赋予攻击敌人的能力来进行反击，在敌人的血量耗尽时销毁敌人。最后，为我们的游戏提供了新的灵活性，在游戏开始后，通过设置随机巡逻点来创建新的敌人。

到这里，我们游戏的核心内容已接近完成。读者可以花一些时间来调整已创建的变量的数值，可根据自己的喜好自定义游戏。或者，如果准备好继续开发，则可以接着阅读。在下一章中，我们将添加完整游戏体验所需的最后一个组件。当玩家死亡时，我们将结束游戏，创建回合制系统，并创建保存系统，以便玩家可以返回到先前保存的游戏状态。

第 7 章
跟踪游戏状态完成游戏体验

在本章中，将通过一些步骤，使我们的游戏发展成一个完整、有趣并能够对玩家造成一定挑战的游戏体验。首先引入玩家角色的死亡，当玩家角色的 health 值为 0 时，死亡条件被激活。然后引入一个回合制系统，每过一个回合就会增加敌人的数量。最后引入一个保存和加载系统，以便玩家在中途离开游戏后，可以回到他们最后一次玩的游戏状态。随着这些功能的完成，我们将有一个完整的第一人称射击游戏。在开发过程中，将包含以下主题。

- 根据玩家条件显示菜单。
- 使用调节器控制游戏难度。
- 支持保存正在进行的游戏状态，并在以后重新加载。
- 创建关卡切换场景。
- 基于保存的数据初始化关卡。

7.1 引入玩家角色的死亡机制

在上一章中，我们在平衡游戏方面取得了重大进展，敌人对玩家造成威胁，但玩家也可以使用射击摧毁敌人来消除这个威胁。之前遗留下来的一个待解决问题是：如果玩家的 **health** 值为 0，他们将不能够继续游戏。我们将借鉴之前创建的 **win** 界面，并将它应用到 **lose** 界面上。这个界面将使玩家重新启动关卡（重启后玩家满状态复活），从通关失败的关卡继续游戏。

7.2 创建 lose 界面

当玩家 **health** 值为 0 时，将显示 **lose** 界面，向玩家提供重新启动最后未通关的那一轮游戏或退出游戏的选项。读者可能还记得之前创建的 win 界面，我们在那里提供了类似的选择。为了提高开发效率，可以通过使用 **Win Menu** 对象作为模板创建 **Lose Menu**，而不是从头重新制作 UI 界面。

转到**内容浏览器**并打开 **FirstPersonBp>>UI** 文件夹。右键单击 **WinMenu** 并选择 **Duplicate** 选项。命名这个新的**控件蓝图**为 **`LoseMenu`**。现在打开 **LoseMenu** 并选择显示 **You Win** 的文本对象。查看**详细信息**面板，将 **Content** 下的 **Text** 字段更改为“`You Lose.Try Again?`”。将 **Color and Opacity** 设置更改为深红色，还可以将阴影颜色设置的 alpha 值从 `0.0` 更改为 `1.0`，以在文本后面显示阴影，如图 7.1 所示。

Lose 界面中的两个按钮可以保持原来的外观和功能不变。编译并保存此蓝图，然后返回到**内容浏览器**。在 **FirstPersonBP>>Blueprints** 文件夹中打开 **FirstPersonCharacter**。

要跟踪玩家是否游戏失败，我们需要创建一个新的变量。从**我的蓝图**面板中，添加一个名为 **`LostGame`** 的新变量。在**详细信息**面板中，将**变量类型**设置为**布尔型**，默认值不勾选（即默认为 `false`）。使用创建的变量，找到用于减少玩家 **health** 值的一系列节点，在 health 值为 0 时，取消触发**事件 Any Damage** 节点。

我们需要使用**分支**节点，通过比较来扩展设置玩家 **health** 的操作。该分支比

较将测试玩家的 **health** 值是否小于零，如果是，则将 **`LostGame`** 变量设置为 **`false`** 并结束游戏，图 7.2 所示。

图 7.1 设置字体颜色

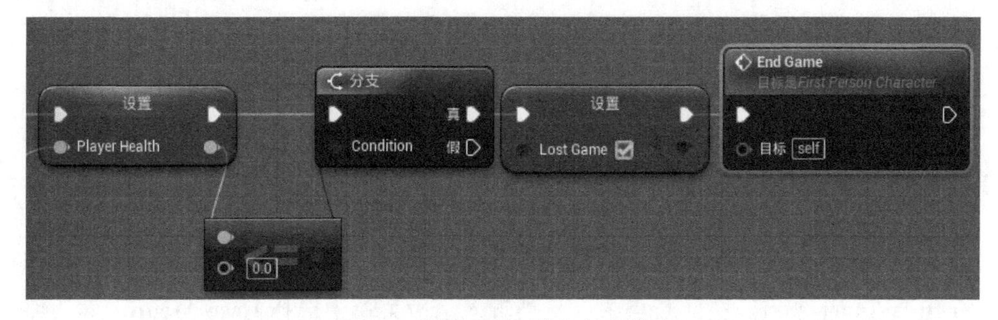

图 7.2 判断 health 值与结束游戏

首先在**设置 Player Health** 节点右侧空出一些空间，将引线从此节点的输出执行引脚拖动到**分支**节点。然后将分支节点的条件输入引脚连接到 **Float<= Float** 节点，将此新节点的底部输入字段保留为 0.0，并将顶部部输入引脚连接到**设置 Player Health** 节点的输出引脚。

接下来，从**分支**节点的 **True** 输出执行引脚拖出一根引线，并将其连接到**设置 Lost Game** 节点。当玩家 health 值为 0 时，勾选 **Lost Game** 输入引脚框将此布尔值设置为 **True**。然后，将**设置 Lost Game** 节点连接到 **End Game** 节点。这将调用我们以前创建以显示 **win** 菜单的函数。下一步是编辑 **End Game** 函数，如果在 **LostGame** 变量设置为 **True** 时调用函数，则它将显示失败的菜单。

找到 **End Game** 事件触发的节点块，之前我们在这里调用 **WinMenu** 界面。在暂停游戏并启用鼠标箭头的节点之后，我们将创建一个分支节点来测试 **LostGame** 变量，如图 7.3 所示。

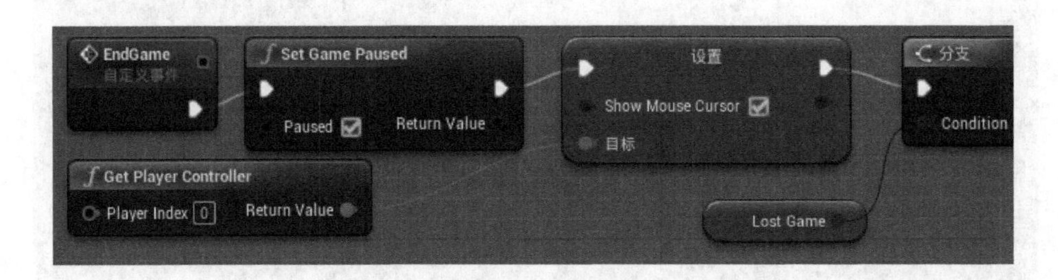

图 7.3 添加分支节点和 LostGame 节点

首先断开**设置 Show Mouse Cursor** 和**创建 WinMenu_C 控件**节点之间的连接，并将控件和视口节点拖动到一边。然后将**设置 Show Mouse Cursor** 节点连接到新的**分支**节点。接下来，将 **LostGame** 变量拖动到**分支**节点的 **Condition** 输入引脚。下一步是创建并显示 **LostGame** 为 **True** 时的 **Lose** 菜单，当为 **False** 时显示 **Win** 菜单，如图 7.4 所示。

从**分支**节点的 **True** 输出执行引脚拖出一根引线，并将其连接到一个新的 **Create Widget** 节点。在此节点中，从类输入下拉菜单中选择 **Lose Menu**。然后将

引线从 **Return Value** 输出引脚拖动到 **Add to Viewport** 节点。通过连接 **Add to Viewport** 节点和**设置 Lost Game** 节点来完成 **True** 分支，并确保未勾选 **Lost Game** 复选框。这一步是必要的。当玩家重新开始或暂停回来时，这样做能够确保程序不会错误地认为游戏已经输了。最后，连接**分支**节点的 **False** 输出执行引脚与之前为 WinMenu 创建的 **Create Widget** 节点和 **Add to Viewport** 节点。

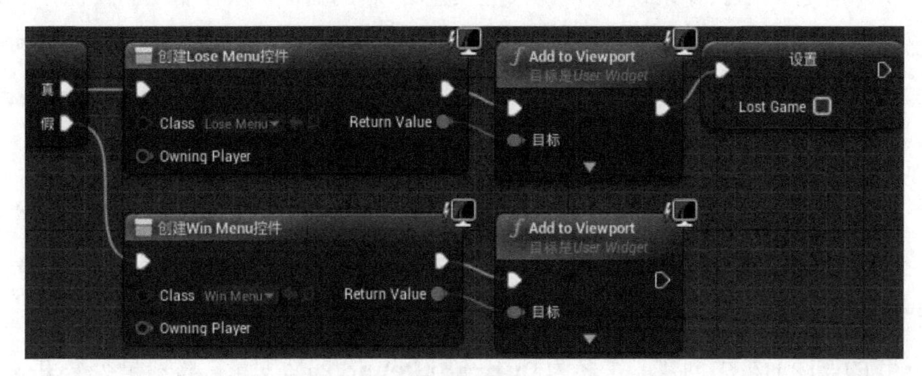

图 7.4 显示 Win 菜单与 Lose 菜单

编译、保存并单击**播放**按钮测试你的工作。如果玩家站在一个敌人面前足够长的时间，使玩家的 **health** 值消耗为零，那就应该可以看到我们创建的 **Lose Menu**。

7.3 创建回合制玩法

现在我们的游戏拥有完整的游戏体验：可以通过射击消灭敌人赢得比赛，但也可能被我们创造的 AI 敌人所击败。然而，这种游戏体验仅局限于赢得游戏所需消灭的敌人的数量。这导致游戏的沉浸感不深。为了解决这个问题，我们可以采用街机游戏中所使用的技术，当玩家每通过一个回合，游戏的难度就会增加。这是一种使用现有资产为游戏添加深度和乐趣，而不需要花时间来创建自定义内容的方法。

我们将玩家通过的回合数来确定目标得分，即通过的回合越多，接下来的回合的目标得分就越高。为了使达到的最大回合仅受玩家玩游戏熟练程度的限制，而不是受他们玩游戏的时间量的限制，我们将实现一个保存系统，以便玩家可以在游戏过程中暂时离开，再次回到游戏时可以继续游戏。

7.3.1 使用 SaveGame 对象存储游戏信息

为了创建一个保存系统，第一步是创建一种新的蓝图，以存储我们要保存的游戏数据。转到**内容浏览器**并打开 **FirstPersonBP>>Blueprints** 文件夹。单击**添加新项**按钮，选择创建**蓝图类**。在弹出的窗口中，展开**所有类**，搜索并选择 **SaveGame** 以创建该类的新蓝图。将此蓝图命名为 **`SaveSystem`**，然后双击打开该蓝图。

我们将要实现一系列越来越困难的回合，所以要跟踪玩家在退出游戏之前处于哪一个回合。我们不需要存储任何关于玩家已经杀了多少敌人的数据，因为对于每个游戏，从某一回合的初始阶段开始游戏将更有意义。要跟踪当前处于哪个回合，请从**我的蓝图**面板中创建一个名为 **`CurrentRound`** 的新变量。将变量类型更改为**整型**、**可编辑**，并确保其默认值设置为 0，如图 7.5 所示。

图 7.5 CurrentRound 变量

这就是我们在 **`SaveSystem`** 中需要做的设置，编译并保存蓝图。

7.3.2 在游戏开始时存储和加载保存的数据

现在我们有一个用于保存数据的容器，还需要确保数据存储在玩家的机器的某个位置中，并且当玩家返回游戏时可以读取这个数据。我们还希望在每次加载关卡时更新保存的数据，因为玩家每赢得一回合时，当前的回合数都会增加。与其他游戏玩法设置一样，我们将这个功能添加到到 **FirstPersonCharacter** 蓝图。转到**内容浏览器**，打开 **Blueprints** 文件夹，并打开 **FirstPersonCharacter**。

除了使用 **SaveSystem** 蓝图存储关于要保存的游戏数据的信息，我们将需要一个保存游戏对象，用于存储玩家的特定数据。为了容易引用这个保存的数据，我们将它保存在一个变量中。这样我们可以引用整个 **FirstPersonCharacter**。从**我的蓝图**面板中，创建一个名为 **SaveGameInstance** 的新变量。在**详细信息**面板中，单击**变量类型**下拉菜单并搜索“Save System”。选择 **Save System** 选项以允许此变量包含我们刚创建的保存系统蓝图的实例，此变量不勾选**可编辑**，编译后将默认值保留为“无”，如图 7.6 所示。

图 7.6 Save System 变量

找到有**事件 Begin Play** 节点的模块。这个模块用于当游戏开始时在界面上绘制 HUD。断开**事件 Begin Play** 节点和**创建 HUD_C 控件**节点之间的连接，然后将**创建** HUD_C **控件**节点和 **Add to Viewport** 节点及其连接拖动到一侧，为接下来要添加的大量新节点腾出空间。回到**事件 Begin Play** 节点，从其输出执行引脚拖出一根引线，添加一个 **Does Save Game Exist** 节点与之相连。

当游戏开始时，我们将使用 **Does Save Game Exist** 节点来检查是否存在一个 **save game**（保存游戏）文件，其中包含该节点指定的保存位置和用户。我们将仅在一个保存位置中保存数据，因此每个保存操作都将覆盖以前保存的数据。此外，由于没有游戏创建用户系统，所以任何人在一台机器上玩游戏将被认为是同一个的玩家。分支节点将指导游戏操作，这取决于是否找到 **save game** 文件：如果不存在 **save game** 文件，则将创建新的 **save game** 对象；如果已经存在 **save game** 文件，我们将从它加载保存的数据。如图 7.7 所示。

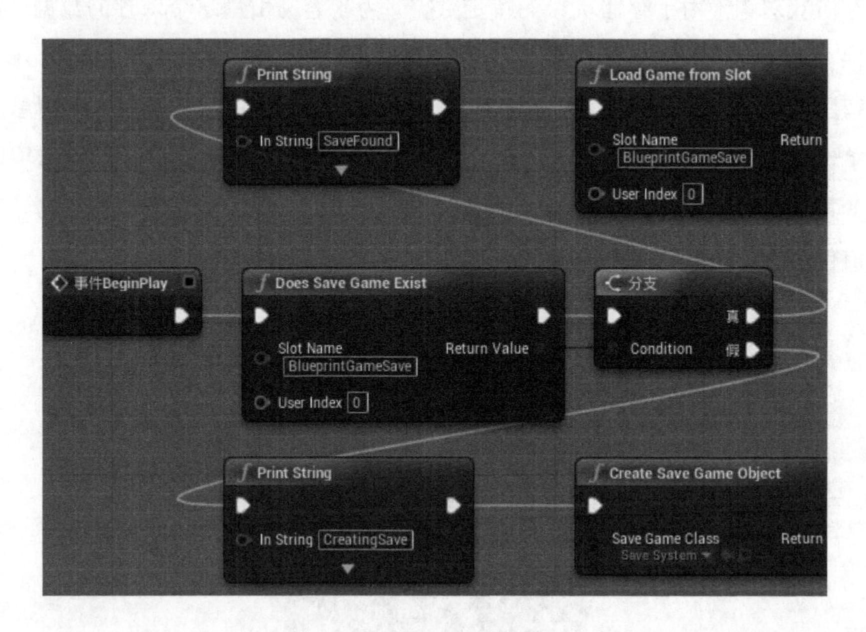

图 7.7 保存文件

首先，我们必须确定 save game 文件能被调用。在 **Does Save Game Exist** 的 **Slot Name** 输入字段中，键入“**`BlueprintGameSave`**”，将用户索引输入设置为 0。此组合会询问玩家用户索引中第一个用户是否存在一个已保存的游戏（这将是唯一的用户），将保存位置命名为 **BlueprintGameSave**（这将是唯一的保存位置）。接下来，从 **Does Save Game Exist** 节点的 **Return Value** 输出引脚拖出一根引线，并将其附加到**分支**节点。

我们将从**分支**节点创建一个从 **saved game** 文件加载内容的路径，以及另一个用于创建 saved game 文件的路径。从**分支**节点的 **True** 输出执行引脚拖动引线，如果希望在保存的游戏被加载时从界面上看到调试消息，可以首先通过 **Print String** 节点连接分支节点的 **True** 引脚，如图 7.7 所示，但这不是保存系统必须功能。无论你是否选择使用 **Print String** 节点，请确保**分支**节点最后连接到 **Load Game from Slot** 节点，并在 **Slot Name** 输入字段中输入 **BlueprintGameSave**。

接下来，从**分支**节点的 **False** 输出执行引脚拖出一根引线。也可以选择将其附加到 **Print String** 节点以帮助调试，或者直接将其连接 **Create Save Game Object** 节点。在此节点中，单击 **Save Game Class** 输入下拉菜单，然后从选项中选择 **Save System**。

现在我们需要确保存储的数据，不管是刚创建，还是从现有文件中加载，都存储在我们的 **SaveGameInstance** 变量中。这可以通过**类型转换**（cast）来完成，如图 7.8 所示。

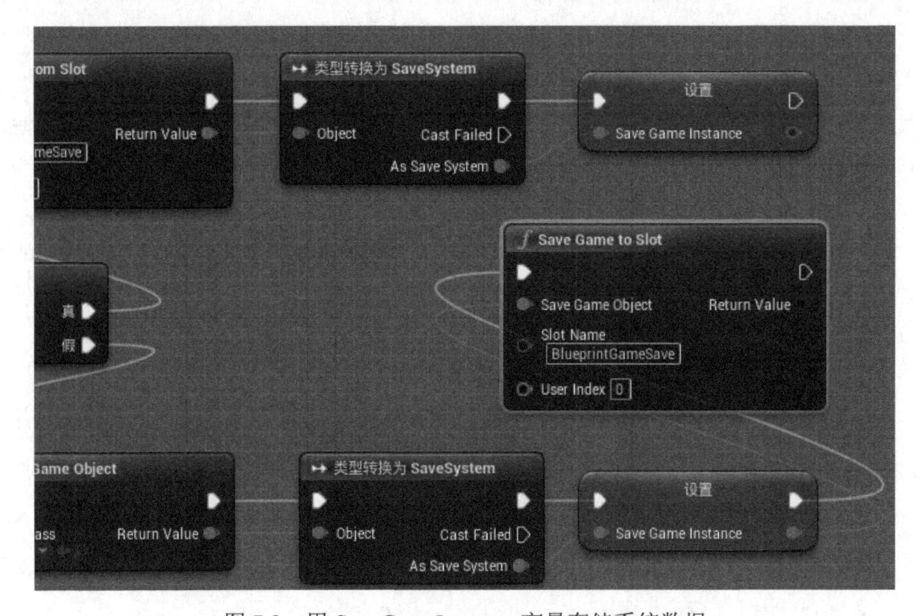

图 7.8　用 SaveGameInstance 变量存储系统数据

首先从 **Load Game from Slot** 节点的 **Return Value** 输出引脚拖出一根引线，并将其与**类型转换为 SaveSystem** 节点，还要连接这两个节点的执行引脚。然后将 SaveGameInstance 变量拖动到类型转换节点的 **As Save System** 输出引脚，以创建和连接一个**设置 Save Game Instance** 节点。

接下来，在创建新的保存游戏对象的分支中附加相同的数据存储变量节点。从 **Create Save Game Object** 节点的 **Return Value** 输出引脚拖出一根引线，并将其附加到新的**类型转换为 SaveSystem** 节点，连接执行引脚，然后将设置 **SaveGameInstance** 连接**类型转换为**的 **As Save System** 输出引脚。

随着保存游戏对象的创建并存储在一个变量中，还需要将这些数据保存在计算机文件中。从刚创建的 **Set Save Game Instance** 节点的输出引脚拖出一根引线，并将其拖放到 **Save Game to Slot** 节点。在此节点中，在 **Slot Name**（存储位置）输入字段中输入“`BlueprintGameSave`”。这将完成在游戏开始播放时创建或加载保存文件所需的步骤。然后，选择所有这些节点并为模块创建注释。

7.3.3 增加过关所需消灭的敌人数目

下一个目标是利用存储在保存文件中的数据，来改变玩家的游戏进度。我们将从保存文件中提取当前回合，在需要击败的敌人数目乘以一个乘数变量，得到通过关卡所需消灭敌人的数目，如图 7.9 所示。

首先在**我的蓝图**面板中创建一个新变量，然后，将其重命名为 **`RoundScale-Multiplier`**，将其**变量类型**更改为**整型**，并将默认值设置为一个较小的数字，例如 `2`。使用乘数 `2`，在玩家可以进入下一轮前，每回合将添加两个需要被击杀的敌人。

现在我们有一个乘数变量，将它乘以存储在保存文件中的当前回合信息，并使用计算结果作为 **`TargetGoal`**。首先从 **Save Game to Slot** 节点的输出执行引脚拖出一根引线，并将其连接**设置 Target Goal** 节点。然后，找到 **Load Game from Slot** 节点序列的**设置 Save Game Instance** 节点，将它的输出执行引脚也连接到**设置 Target Goal** 节点，以便保存对象的创建和加载分支在同一节点上结束。

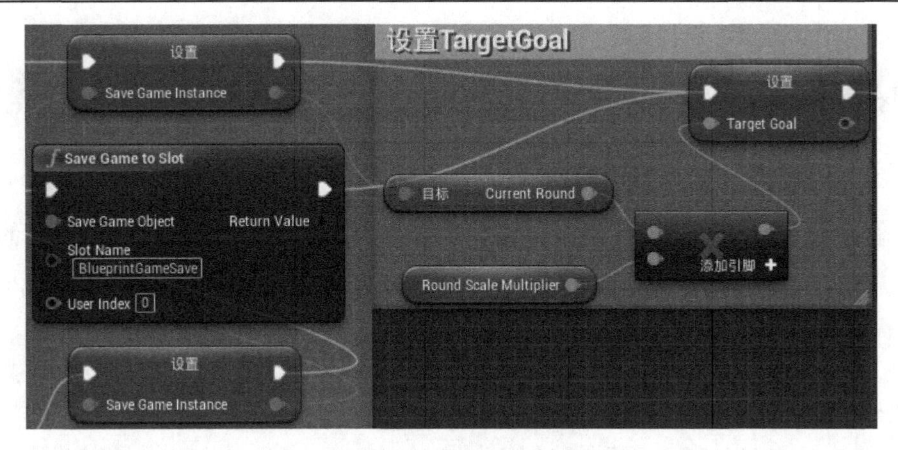

图 7.9 设置 Target Goal

接下来，从 **Set Save Game Instance** 节点的输出引脚中拖出一根引线，并将其附加到 **Get Current Round** 节点，并将此节点的输出引脚连接到 **Integer * Integer** 节点。然后，将 **`RoundScaleMultipler`** 变量拖动到新创建的 **Integer * Integer** 节点的底部输入引脚上。最后，将 **Integer * Integer** 节点的输出引脚连接到 **Set Target Goal** 的 **Target Goal** 输入引脚。即使这些节点连接到我们的保存文件的创建和加载逻辑，但缩放目标是一个功能相对独立的函数，选择刚创建的 4 个节点，添加注释（比如"设置 TargetGoal"）。

建立游戏初始化逻辑的最后一步是重新连接 HUD 创建和绘制节点，将**设置 Target Goal** 节点的输出执行引脚连接到**创建 HUD 控件**节点的输入执行节点，如图 7.10 所示。

图 7.10 重新连接 HUD 创建和绘制节点

7.3.4 创建回合之间的切换界面

目前，当玩家击败足够的敌人达到 **TargetGoal** 显示的要求时，将会在屏幕上弹出一个获胜菜单，提示玩家过关，并提供了重新启动游戏或退出游戏程序的机会。现在我们正在创建一个回合制的游戏体验，因此用一个过渡界面来取代这个获胜菜单。这将使玩家能够进入下一回合的游戏。

我们将开始对 **WinMenu** 控件蓝图进行实质性修改。转到**内容浏览器**并打开 **UI** 文件夹。将 **WinMenu** 蓝图重命名为 **RoundTransition**，以便更准确地反映其新目的。现在打开 **RoundTransition** 蓝图。

首先，转到**层次结构**面板并选择 **Quit Button** 对象。删除此按钮，因为我们不需要在回合过渡期间提供退出选项。接下来，单击 **Restart Button** 按钮对象，并将其重命名为 **Begin Round Button**。单击嵌套在按钮对象下面的 **Text** 对象，并在**详细信息**面板中，将“You Win!”改为“Begin Round”。最后，在 **Canvas** 中将 **Restart Button** 按钮往下移动到原先删除的按钮的位置。

之后，选择并删除 **You Win!** 文本块对象。从**控制板**（**Palette**）面板中，搜索并向下拖动一个新的 **Horizontal Box** 对象。将此框命名为 **Round Display**。回到**调色板**面板中，搜索 **Text** 对象，并拖动两个 **Text** 到 **Hierarchy** 面板中的 **Round Display** 对象上，作为 **Round Display** 的子对象。

选择这些 **Text** 对象中的第一个，然后查看**详细信息**面板。将 **Text** 字段更改为“Round”(包括一个空格)，还要将字体大小更改为 150。现在选择其他 **Text** 对象，将其字体大小更改为 150，并将其 **Text** 字段更改为任意两位数字（比如“10”)。最后，再次选择父 **Round Display** 显示对象，并调整框的大小，直到回合文本和两位数字可以完全看到。将此对象放在画布上的 **Begin Round** 按钮上方。最终结果如图 7.11 所示。

图 7.11 更改后的 UI

现在我们需要在这个界面上添加行为，因为 **Begin Round** 按钮只是旧的 **Restart** 按钮的重命名版本，重新加载关卡的功能保持不变，还需要的额外绑定行为，调整回合数以匹配当前保存文件中存储的回合数。首先单击数字文本对象（在上面的界面截图中显示为 10），然后单击**详细信息**面板中 **Text** 字段旁边的**绑定**按钮。接下来，单击**创建绑定**选项。

这个绑定的目标是从保存的游戏中提取当前回合，并以文本的形式显示在界面上。用于完成此操作的节点如图 7.12 所示。

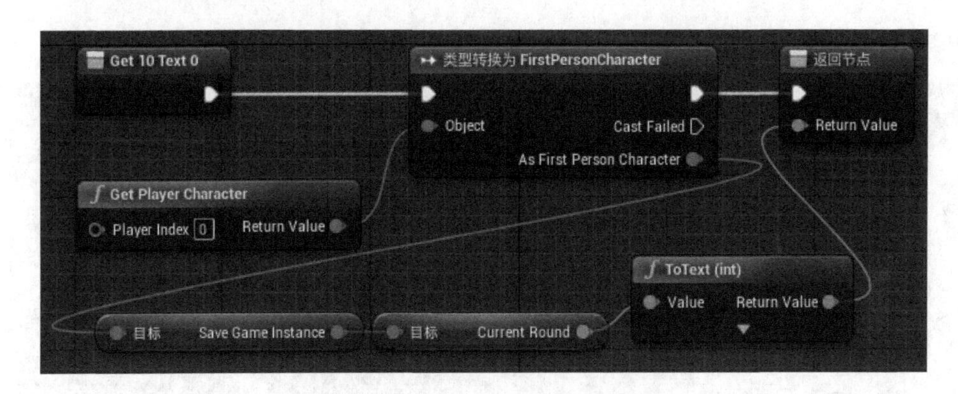

图 7.12 从保存文件中提取当前回合

当前回合可通过访问玩家角色的 **save game instance** 变量来得到，因此我们必须将类型转换到该蓝图以提取保存游戏信息。将**类型转换为 FirstPersonCharacter** 节点附加到初始的 **Get 10 Text 0** 节点，然后将该节点的输出执行引脚连接到结束此绑定的**返回节点**。现在拖动类型转换节点的 **Object** 输入引脚，连接一个 **Get Player Character** 节点。

随着玩家角色的引用，从 **As First Person Character** 输出引脚拖出一根引线，并将其附加到 **Get Save Game Instance** 节点，然后将此节点的输出引脚连接到 **Get Current Round** 节点。有了这些信息，就可以将数据转换为文本。将 **Get Current Round** 节点的输出引脚连接到**返回节点**的 **Return Value** 输入引脚，并且将自动为你创建 **To Text（Int）**转换节点。编译并保存 **RoundTransition** 蓝图。

7.3.5 当前回合获胜时，跳转到新回合

现在有一个待显示的跳转界面，我们希望将它添加到结束游戏逻辑中，与每当玩家达到 Target Goal 时增加游戏回合的节点相配合。返回到位于**内容浏览器**的 **Blueprints** 文件夹中的 **FirstPersonCharacter** 蓝图，开始完成这个逻辑。

找到由 **End Game** 事件触发的蓝图模块。从**分支**节点，删除 **False** 输出执行引脚的**创建 WinMenu 控件**及后续的 **Add to Viewport** 节点。在显示转换界面之前，我们将使用将回合数增加 1 节点，并在保存文件中保存新的回合数，如图 7.13 所示。

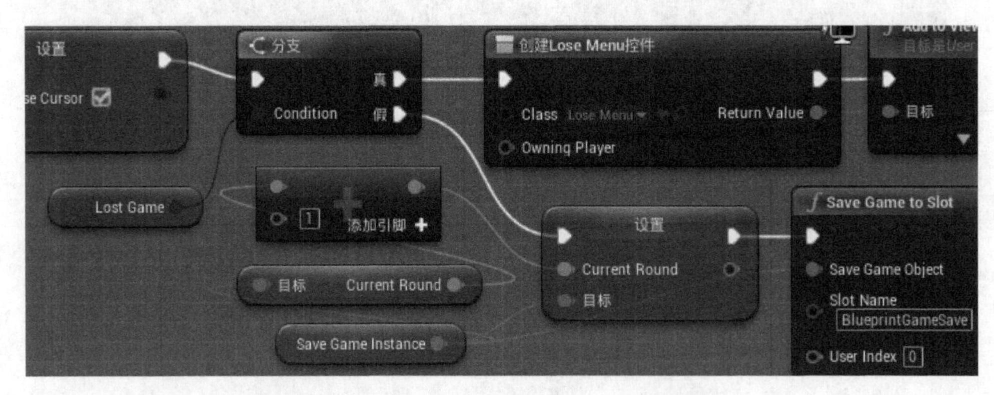

图 7.13 回合转换界面显示前，回合数加 1

首先将 **SaveGameInstance** 变量拖放到**分支**节点下的图表中，然后从出现的菜单中选择**获得**选项，将引线从此节点拖出并将其附加到**设置 Current Round** 节点。将**设置 Current Round** 节点的输入执行引脚连接到**分支**节点的**假**输出执行引脚。

接下来，计算将被设置的当前回合数。从**获得 Save Game Instance** 节点中拖出第二根引线，并将其附加到**获得 Current Round** 节点。将**获得 Current Round** 节点与 **Integer + Integer** 节点相连，并使用数字 1 填充 **Integer + Integer** 节点的底部输入字段，然后将 **Integer + Integer** 节点的输出引脚连接到**设置 Current Round** 节点的 **Current Round** 输入引脚。最后，通过从**获得 Save Game Instance** 节点拖出第三根引线并将其附加到 **Save Game to Slot** 节点，将当前回合数信息存储在保存文件中。连接 **Save Game to Slot** 节点与**设置 Current Round** 节点的执行引脚，然后在 **Slot Name** 中输入"BlueprintGameSave"。

接下来，需要调用我们创建的回合过渡界面，并在视口上绘制，如图 7.14 所示。

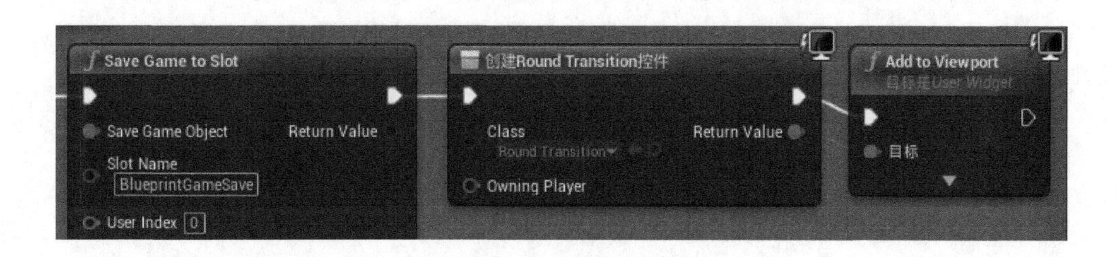

图 7.14 显示回合过渡界面

将**创建控件**节点附加到 **Save Game to Slot** 节点，然后从 **Class** 下拉菜单中选择 **Round Transition**。然后从此节点的 **Return Value** 输出引脚拖出一根引线，连接到 **Add to Viewport** 节点，连接**创建控件**节点和 **Add to Viewport** 节点的执行引脚。现在准备测试我们的回合转换系统是否能够正常运行。编译并保存此蓝图，然后单击**播放**按钮进行测试。

当加载游戏时，可看到计数器中的目标数量。击败由目标指示数量的敌人后，应该看到回合过渡界面的出现，显示第 2 轮。当你按下开始回合按钮，将重新加载关卡，角色的 health 与弹药数量恢复满格，目标敌人的数量也随之增加。击败新的目标数量的敌人后，应该看到第 3 回合的转换界面。最后，如果退出游戏，然后再次单击**播放**按钮，就会加载离开游戏时的那个回合。

7.4 暂停游戏并重置保存文件

现在我们可以跟踪玩家的进度。但如果玩家想重头开始游戏，则应该为提供重置保存文件的功能：可以通过添加一个暂停菜单来实现这个功能，并且允许玩家在游戏过程中可以暂停休息一下。

7.4.1 创建暂停菜单

首先，我们将创建一个暂停菜单。这个菜单将为玩家提供恢复游戏的选项：将游戏重置为第 1 回合，或退出游戏。首先转到**内容浏览器**中的 UI 文件夹，右键单击 **LoseMenu** 并选择**复制**选项，将此新的控件蓝图重命名为 **`PauseMenu`** 并将其打开。

选择显示“**You Lose. Try Again?**”的文本，并在**详细信息**面板中将 **Text** 字段更改为“**`Paused…`**”，将文本颜色更改为适合暂停消息的颜色（比如黄色）。然后选择 **`Restart`** 按钮的文本对象，并将 **Text** 字段更改为 **`Resume`**。

接下来，我们将添加第 3 个按钮，允许玩家重置保存文件。从**控制板**面板中，将 **Button** 对象拖动到**层次结构**中，将其放置到 **CanvasPanel** 对象上。将按钮对象重命名为 **Reset**（重置）按钮，然后从**控制板**中向下拖动一个 Text 对象并将其放置到 **Reset** 按钮上。

在 **Reset 按钮**上选择文本对象，将文本字段更改为“`Reset All`”，同时将字体大小更改为 `60`，将字体颜色更改为黑色，并将 **Justification**（对齐设置）设为 Align Text Center（居中对齐）。现在单击选中 **Reset 按钮**对象，并在**详细信息**面板中将**尺寸** X 字段设为 `400.0`，将**尺寸** Y 字段设为 `150.0`。接下来，选中其他两个按钮并将其 X 和 Y 大小更改为相同的值。

现在，沿着画布 **Canvas** 的中心排列着 3 个按钮，在 **Resume** 和 **Quit** 按钮之间

插入 **Reset All** 按钮。最终布局如图 7.15 所示。

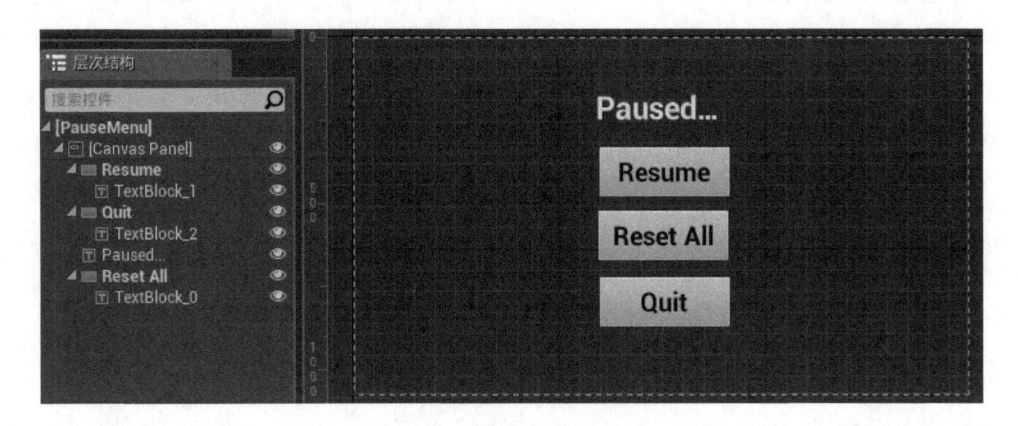

图 7.15 添加 Reset All 按钮

7.4.2 恢复并重置保存文件

下一步是修改暂停界面按钮的功能，以便这些按钮可以正确地帮助玩家恢复游戏或重置保存文件。单击 **Reset All** 按钮，并在**详细信息**面板中，单击 **OnClicked** 旁边的“+”按钮以创建新的按钮事件。我们将首先设置从暂停状态恢复游戏所需的一系列节点，如图 7.16 所示。

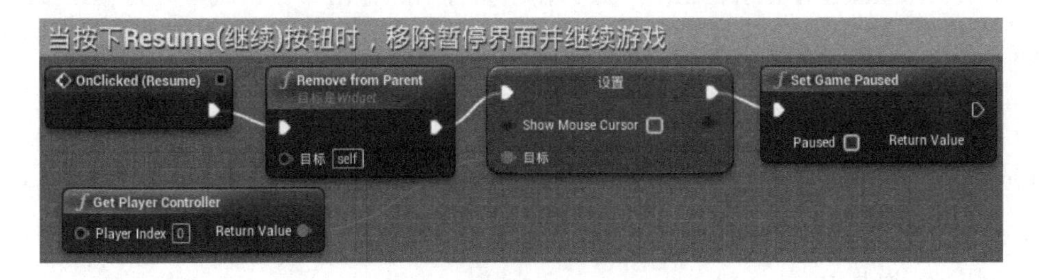

图 7.16 从暂停状态恢复游戏

在**图表**视图中，删除连接到 **Resume** 按钮事件后面的 **Open Level** 节点，然后将 **Remove from Parent** 节点直接连接到 **OnClicked（Resume）**节点。除了在单击 **Resume** 按钮时移除暂停菜单之外，还需要恢复游戏并禁用鼠标光标。

创建一个新的 **Get Player Controller** 节点，从此节点的 **Return Value** 输出引脚中拖出一根引线，并将其连接到**设置 Show Mouse Cursor** 节点。确保此节点的 **Show Mouse Cursor** 复选框未勾选，并将此节点的输入执行引脚连接到 **Remove from Parent** 节点的输出执行引脚。最后，将**设置 Show Mouse Cursor** 节点的输出执行引脚连接到 **Set Game Paused** 节点，同时确保未勾选 **Paused** 复选框。这个模块将完成 **Resume** 按钮的功能。

现在添加 **OnClicked (Reset All)** 节点后续的逻辑。首先检查是否存在要重置的保存文件，如果存在，我们将使用玩家角色设置新的保存文件，如图 7.17 所示。

图 7.17 重置保存文件

从 **OnClicked（Reset All）**节点的输出执行引脚拖出一根引线，并将其连接到 **Does Save Game Exist** 节点。在此节点的 **Slot Name** 中键入“**BlueprintGameSave**”。

接下来，从 **Return Value** 输出引脚拖出一根引线，并将其连接到**分支**节点，将**分支**节点的**真**输出执行引脚附加到**类型转换为 FirstPersonCharacte** 节点。最后，从类型转换节点的 **Object** 输入引脚拖出一根引线，并将其附加到 **Get Player Character** 节点。

现在我们有玩家角色，还需要获取它保存的游戏实例，并将当前回合重置为第 1 回合。然后，我们将需要将新的保存文件存储到 **BlueprintGameSave** 中。

从**类型转换为 FirstPersonCharacter** 节点的 **As First Person Character** 输出引脚拖动一根引线，并将其连接到**获得 Save Game Instance** 节点。接下来，添加一

个**设置** **Current Round** 节点（搜索时取消**情境关联**）与**获得** **Save Game Instance** 节点连接，然后连接类型转换节点与**设置** **Current Round** 节点的执行引脚，并将 **Current Round** 字段设置为 1。因为我们只保存玩家当前回合数，所以需要复写保存文件。

现在我们需要确保更新的回合数存储到玩家的机器中，从**获得** **Save Game Instance** 节点的输出引脚拖出第 2 根引线，并将其附加到 **Save Game to Slot** 节点。将此节点的输入执行引脚连接到**设置** **Current Round** 节点的输出执行引脚，并为 **Slot Name** 输入字段键入“**BlueprintGameSave**”，如图 7.18 所示。

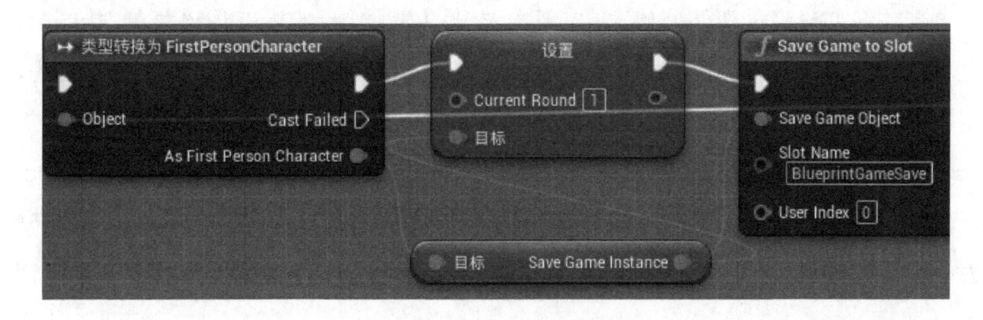

图 7.18 重置当前回合数

Reset All 按钮的最后一步是重新加载游戏地图，并在逻辑结束时移除暂停菜单，如图 7.19 所示。

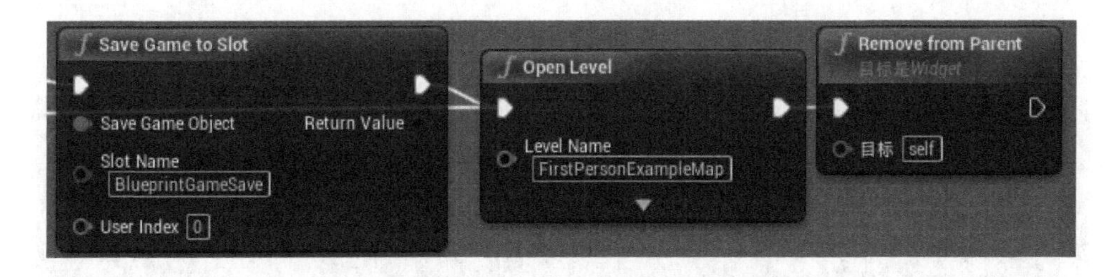

图 7.19 重新加载地图并移除暂停菜单

从 **Save Game to Slot** 节点的输出执行引脚拖出引线连接到 **Open Level** 节点。然后从之前创建的**分支**节点的**假**输出执行引脚中拖出一根引线，并将其连接到

Open Level 节点。这将确保即使没有保存游戏数据要复写时，单击 **Reset All** 按钮后仍然从第 1 回合开始游戏。对于 **Open Level** 节点的 **LevelName** 输入字段，请输入“**FirstPersonExampleMap**”或其他自定义的关卡名称。最后，将一根引线从 **Open Level** 节点的输出执行引脚连接到新的 **Remove from Parent** 节点。这就结束了我们对暂停菜单功能的制作，为 **Reset All** 按钮蓝图模块创建有用的注释，然后编译和保存蓝图。

7.4.3 触发暂停菜单

现在我们已经创建了暂停菜单，还需要一种方法让玩家能够调出菜单。传统上，电脑游戏使用 [Esc] 键暂停游戏并返回到菜单，所以我们也将遵循这个传统。首先，将 [Esc] 键绑定到暂停操作。正如我们在第 2 章中所做的那样，在**项目设置**中添加一个新的动作映射。在虚幻编辑器菜单中的**编辑**按钮上，选择**项目设置**选项。在出现的窗口的左侧，在**引擎**类别中，选择**输入**选项。单击 **Action Mappings（动作映射）**旁边的加号（+），将它重命名为 `Pause`，下拉菜单中搜索并选择 [Escape] 键映射。

与玩家可以采取的所有其他动作一样，我们希望在 **FirstPersonCharacter** 蓝图中建立此动作的功能。转到**内容浏览器**并在 **Blueprints** 文件夹中打开 **FirstPersonCharacter** 蓝图。创建按 [Esc] 键显示暂停菜单蓝图模块，如图 7.20 所示。

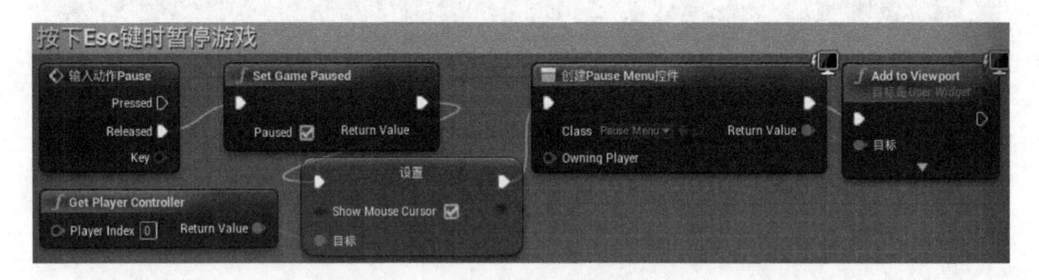

图 7.20 按下 [Esc] 键时暂停游戏

首先，在图表空白处添加一个**输入动作** Pause 事件节点。因为启动暂停菜单会中断游戏，所以当用户释放 [Esc] 键而不是第一次按下按键的时弹出暂停菜单。这样感觉会更好。从**输入动作 Pause** 事件节点的 **Released** 输出引脚中拖出一根引线，并将其连接到 Set Game Paused 节点。确保已选中此节点的 **Paused** 复选框。

随着游戏暂停，我们需要启用鼠标箭头，以便玩家可以单击菜单按钮。首先创建一个 **Get Player Controller** 节点，然后将引线从其 **Return Value** 输出引脚拖出，连接到**设置 Show Mouse Cursor** 节点。勾选 **Show Mouse Cursor** 复选框以设置鼠标箭头出现在界面上。然后，将**设置 Show Mouse Cursor** 节点的输入执行引脚连接到 **Set Game Paused** 节点的输出执行引脚。

在游戏暂停并启用光标的情况下，可以调出我们创建的暂停菜单 UI。从**设置 Show Mouse Cursor** 节点的输出执行引脚拖出一根引线，并将其附加到**创建控件**节点。从 **Class** 下拉菜单中选择 **Pause Menu**。然后，从此节点的返回值输出引脚拖出一根引线，并将其与 **Add to Viewport** 节点相连。连接这两个节点之间的执行引脚以完成此蓝图模块。添加注释，然后编译并保存此蓝图。

现在，我们将对测试方法稍作改动，以测试暂停菜单。默认情况下，当按下 [Esc] 键时，将关闭编辑器中当前任何正在播放游戏的活动窗口。因此，游戏将在我们看到暂停菜单之前关闭。有两种方法可以解决这个问题：我们可以更改键以将暂停菜单显示为除 [Esc] 之外的其他内容，例如 [P] 键；或者，可以在编辑器中更改播放模式，以生成独立的游戏窗口。使用第 2 种解决方法，请单击**播放**按钮旁边的向下箭头，然后选择**独立窗口运行**选项，如图 7.21 所示。

现在，在运行游戏时，应该能够按下我们设置的 [Esc] 键来调出暂停菜单。单击 **Resume** 按钮以关闭暂停菜单，并返回到游戏。如果你进行了几个回合的游戏，单击暂停菜单中的 **Reset All** 按钮，游戏将自动重新加载关卡，并且游戏进度重置到游戏的第 1 回合。如果你做到了这些，那么你在创建存储、加载和重置多回合游戏进度的保存系统方面取得了重大的学习成果。

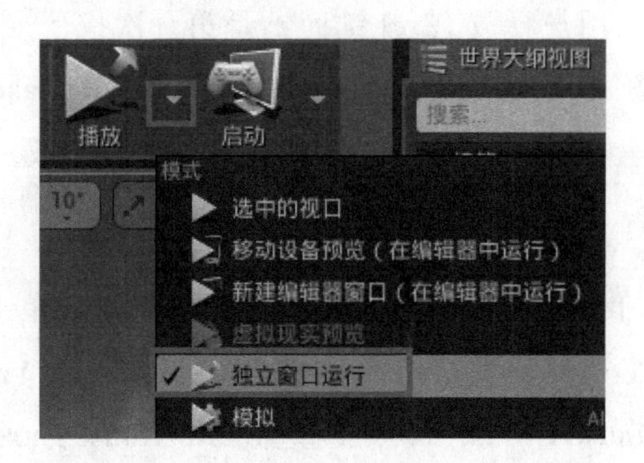

图 7.21　独立窗口运行

7.5　小结

在本章中，我们在使游戏成为一个完整的游戏体验上取得了重大进步。读者可根据分支节点的状态，判断玩家是赢还是输。读者学习本章后，可实现一个保存系统，允许玩家返回到早期的游戏回合。然后，实现了一个回合系统，每当玩家进行一轮新的游戏时，修改游戏胜利的目标。最后，添加了暂停菜单系统，为玩家提供所在的回合数信息，并添加暂停游戏的功能，还可以重置保存游戏进度的保存文件。

以上完成了本书中创建的整个游戏体验。在下一章中，我们将探索制作和发布游戏，以便可以与他人分享经验。此外，我们将分析读者现在所处的技术水平，然后展望和讨论如何进一步学习和扩展这个游戏。

第 8 章
打包与发行

游戏开发者成长的最佳方法之一是与其他人分享自己的作品，以便获得有关如何演进各自的设计和内容的反馈。因此，早期的优先事项应该是创建可共享的游戏，以便其他人试玩并且提供反馈意见。幸运的是，虚幻引擎 4 使得游戏的构建非常简单，可以在多个平台上工作。在最后一章中，将介绍如何优化我们的游戏设置，如何构建桌面平台目标，以及如何开发移动设备、游戏机或网络浏览器应用。在此过程中，我们将介绍以下主题。

- 优化图形设置。
- 创建一个打包的游戏并与他人分享。
- 学习资源。

8.1 优化图形设置

在为特定平台构建游戏或打包发行之前，应该更改游戏的图形设置，以确保它们适合目标机器和平台。虚幻引擎 4 中的图形设置为**引擎可扩展性设置**（**Engine Scalability Settings**），该设置界面由多个图形设置组成，每个图形设置决定了游戏中某个元素的最终视觉质量。对于任何游戏而言，高品质的视觉效果和该游戏在帧率方面的表现之间不可避免的存在着权衡。

过低的帧率会影响游戏体验，因此，重要的是在追求高品质的视觉效果的同时，也考虑玩家运行游戏的机器的性能。由于 PC 和 Mac 计算机的不同硬件性能，许多针对多平台的游戏使用自定义菜单，以允许玩家自己调整游戏的图形设置。然而，我们创建的游戏只使用非常简单的资产，并且关卡地图较小，因此只需要在构建之前简单地定义一些可行的默认值。

要进入**引擎可扩展性设置**，请转到 **FirstPersonExampleMap** 选项卡，查看关卡编辑器顶部的工具栏。单击**设置**按钮，然后将鼠标悬停在**引擎可扩展性设置**上，即可看到可以调整的**质量**设置的弹出式显示，如图 8.1 所示。

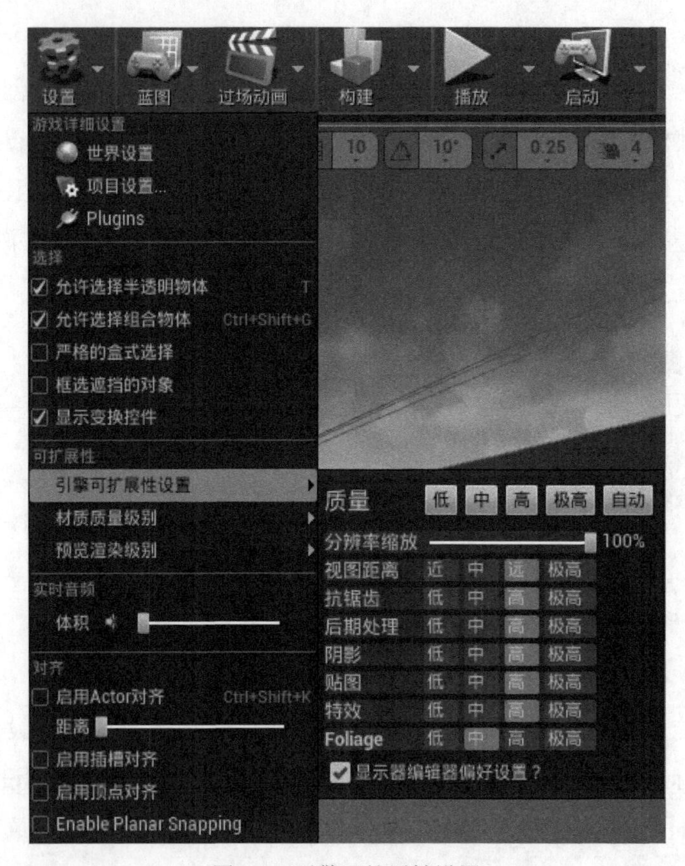

图 8.1 引擎可扩展性设置

此菜单顶部的按钮范围从低（Low）到极高（Epic），作为游戏性能与质量的预设。单击“低”将所有质量设置设为最小，为你提供最佳的性能，但视觉效果最差。“极高”则将引擎所有的质量设置调高到最大，会以牺牲部分性能为代价，根据使用的资产提高图形质量。

自动按钮将检测当前正在运行编辑器的机器的硬件，并将图形设置调整到能够在该机器的图形性能和图形质量之间达到良好平衡的水平。如果将游戏定位在与开发时硬件配置大致相同的机器，使用**自动**设置是为构建建立图形设置的简单方法。如果你希望单独调整这些设置，可以参考其功能的简要说明。

- **分辨率缩放**：此设置使引擎以比目标分辨率更低的分辨率渲染游戏，并使用软件将游戏升级到目标分辨率。这提高了游戏的性能，代价是在较低分辨率下会感觉模糊。

- **视图距离**：这将确定距离相机多远的对象将被渲染。较短的视图距离增加了性能，但可能导致对象突然进入视野。

- **抗锯齿**：此设置可以减小游戏世界中 3D 对象的锯齿状边缘，从而大幅度改善游戏的外观。然而，该设置也会造成显著的性能消耗。

- **后期处理**：此设置会更改在场景创建后应用于屏幕的多个过滤器的基线质量设置，如运动模糊或亮光效果。

- **阴影**：这会更改绑定决定游戏中阴影外观的几个捆绑设置的基线质量。高度详细的阴影通常对性能产生巨大的影响。

- **贴图**：此设置将影响由引擎管理的游戏中所使用的纹理的过程。如果你的游戏中有许多大贴图，减少此设置可以帮助避免耗尽图形内存，从而提高性能。

- **特效**：此设置更改应用于游戏的几种特殊效果的基线质量设置，例如材质反射或半透明效果。

最后，优化游戏性能的最佳方法是定期在目标机器上测试它。如果你注意到性能下降，请留意发现这些现象的地方。如果游戏的性能总是很低，你可能需要减少一些后期处理或抗锯齿效果。如果性能仅在关卡的某些区域较低，则可能需要考虑降低该区域中的对象密度，或降低特定游戏模型的质量。

8.2 设置游戏的可玩性

虚幻引擎4提供了各种各样的目标平台，你可以选择目标平台来构建游戏。随着新版本引擎的发布和新技术出现，这个列表将继续扩大。目前，你可以在Windows PC、Mac OS X、iOS、Android、Linux、SteamOS和HTML 5上布署你的游戏。虚幻引擎4支持创建各种新兴虚拟现实平台（如Oculus Rift）的内容，还支持创建Xbox One和PlayStation 4的游戏。每个平台都有自己独特的要求和与之相关的最佳实践，移动游戏和Web（HTML5）游戏具有更高的优化要求，以便使游戏在这些平台上表现良好。

为这些平台创建可分发的游戏形式涉及一个称为**打包项目**的过程。打包将获取游戏的所有代码和资产，并以适当的格式将其设置为在所选平台上执行。我们将为Windows PC或Max OS X平台打包游戏。

首先，我们可能需要自定义一些设置，以确定项目在目标机器上的显示方式。为此，请单击关卡编辑器工具栏中的设置按钮，然后单击**项目设置**，如图8.2所示。

图8.2 项目设置

在**项目设置**中，你将在左侧面板中看到各种各样的用于自定义游戏的选项：项目、引擎、编辑器、平台、插件。默认情况下，**项目-描述**页面将打开。在这里，你可以自定义项目名称、项目缩略图，以及项目与创建者或发布者的简要说明，如图 8.3 所示。

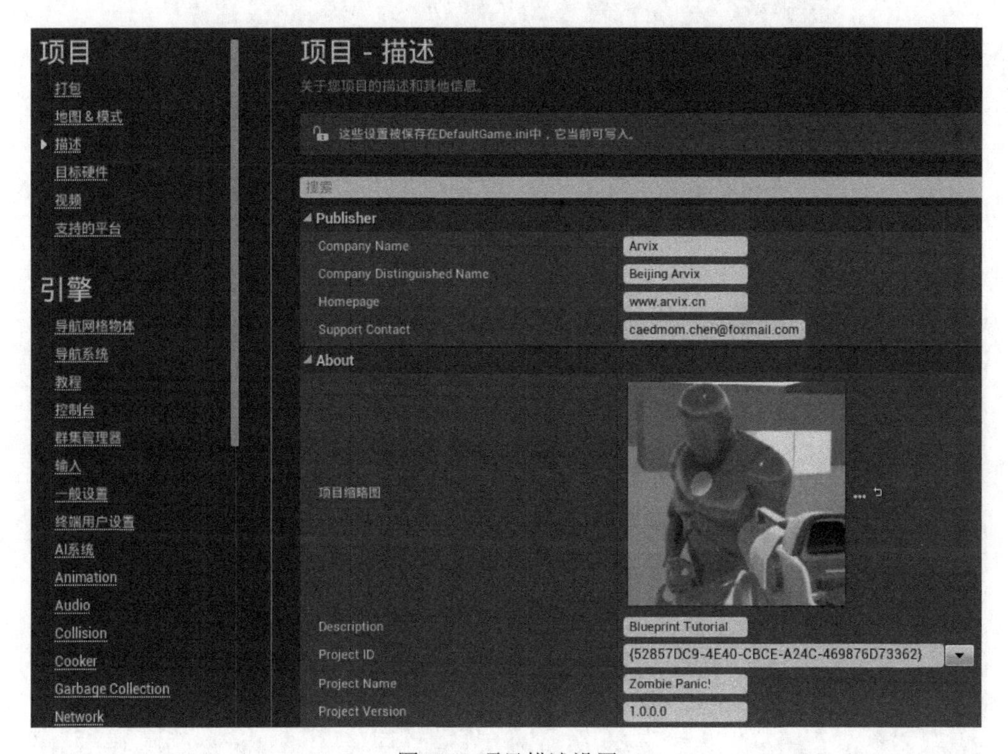

图 8.3 项目描述设置

单击**地图&模式**将会进入另一个页面，你可以在这里确定默认情况下加载地图。由于我们的游戏只有一个地图，因此很容易选择，但通常你需要指定一个专用于主菜单的地图作为默认地图。因为当你使用多个地图创建游戏时，需要确保加载的第一个地图能够管理在游戏体验中其他待加载的地图。这类似于当我们从现有的保存文件加载游戏时，确定要激活哪个回合，如图 8.4 所示。

最后，在平台分类下，单击你使用的平台将跳转到该平台的自定义页面。在以下屏幕截图所示的 Windows 示例中，可更改 Target RHIs、Splash、Icon、Audio。

Mac 平台只有 Splash 和 Icon 可用于更改，移动平台和控制台平台目标将有更多的选项，每个平台都有特定的设置，如图 8.5 所示。

图 8.4 确定默认地图

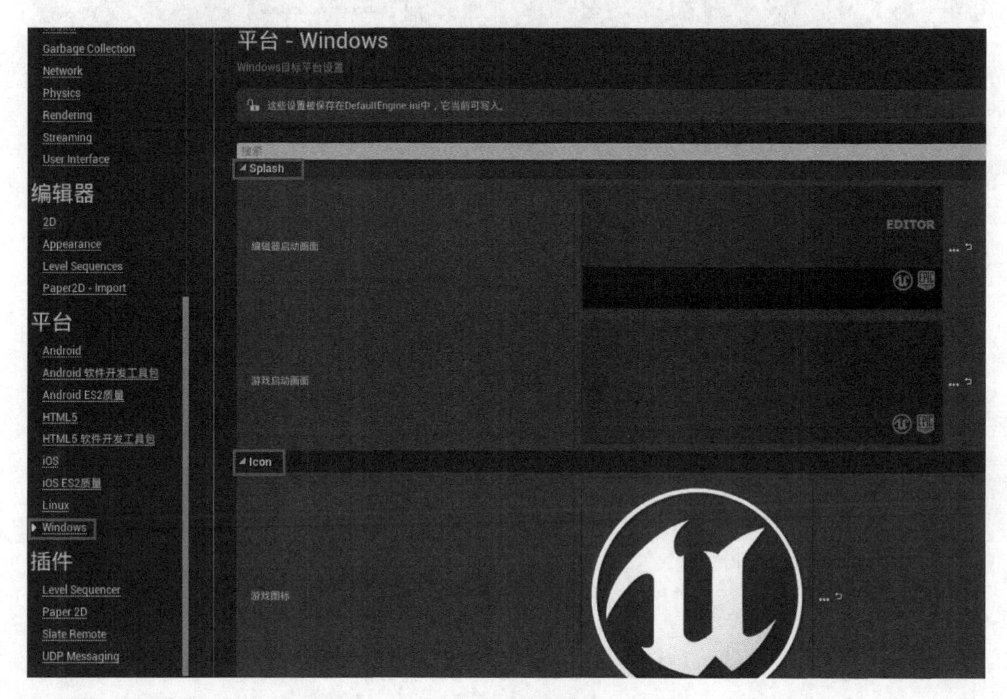

图 8.5 平台设置

将默认的 **Splash** 和 **Icon** 替换为你要用于游戏的图片。这与书中编辑的截图一样简单，或者为了新颖出奇，你可以为图标和闪屏的专门制作一些艺术作品。一旦你对项目设置感到满意，关闭**项目设置**窗口。

打包游戏

为了使你打包的游戏在特定的平台上运行，请单击主菜单中的**文件**，然后单击**打包项目**，最后选择目标平台，如图 8.6 所示。

图 8.6 打包项目

单击选择目标平台后，系统会提示你选择硬盘驱动器上的位置，以存储打包的项目。选择位置后，你将在编辑器右下角看到一个小弹框，告诉你引擎正在打包项目。如果在打包过程中出现错误，弹出的输出日志窗口将向你显示错误的详细信息。打包项目可能需要一些时间，时间长短视项目的复杂程度和大小而定。如果没有遇到任何错误，那么你最终会看到一条消息，说明打包完成。至此你已经创建了一个完整的游戏！

导航到你选择存储打包项目的文件夹。在Windows上，打开**WindowsNoEditor**文件夹，然后双击可执行文件以运行游戏。对于 Mac，请打开名为 **MacNoEditor** 的文件夹，然后双击应用程序以启动游戏。花一点时间来体验你所创建的游戏的最终版本，并且思考在此过程中你学到的技术和取得的进步。到此，你现在拥有一个可以供其他人玩和享受的游戏了；即使是简单的游戏，制作起来也不容易，所以你应该为自己的成就感到自豪！

8.3 进一步学习

学习完这本书里讲到的经验和技能之后，你应该制定计划来进一步提高你的开发能力。接下来的建议不仅会帮助提高你作为开发人员的技能，也可以让你在虚幻引擎开发社区分享你的知识。

8.3.1 完成和分享尽可能多的游戏

无论你是想在商业游戏行业的工作室开始职业生涯，还是想成为一个成功的独立游戏开发者，对于提升开发技能最重要的建议——开发和发布尽可能多的游戏。游戏开发既是一门艺术，也是一门科学。获得发展成为一个伟大的开发者的洞察力和信心的最好的方法，就是通过发布游戏和接收反馈，推动自身成长。

你在本书中学到的技能旨在提供必要的脚本知识，以便能够创建一个功能完整的游戏。但是，没有理由停在这里！花时间探索你已经开发的游戏，并添加更多的关卡、资产和玩法。将你的项目发布到网上，收集来自虚幻开发社区的朋友和其他成员的反馈。尝试实验性的游戏功能并制作原型，尽快得到关于新原型的反馈。或进一步精细地完善你的游戏，直到它们成为能展现你最高水平的、分享给更多人的作品，因此完成和发布你的游戏很重要。然后，开始另一个项目！创建一个网络公文包，其中包含你创建的各个游戏的可玩版本，并讲述一些设计和创建这些游戏的经历和过程。如果你决定开始为游戏收取费用，你可以在网络公文包中添加销售界面，为销售界面投放广告，并为买家提供购买游戏的渠道。

如果你申请游戏工作室的工作，最重要的是向雇主证明，你具备把一个概念实现为一个可发行的游戏项目所需的技能和素养，雇主将因此对你的能力有信心。作为一个独立的游戏开发者，提前发布多个游戏可以帮助你从你的受众那里获得有价值的反馈，让你知道哪些有用而哪些没用。在此过程中，围绕着你所发布的游戏也将形成一个社区，社区的成员会为你创建的每个新游戏感到兴奋。

8.3.2 拓宽技术领域

游戏开发的领域涉及许多技能和学科，这些汇聚在一起才能开发出游戏的交互式体验。许多优秀的游戏开发者在特定领域有多年研究的经验，如角色建模或 AI 编程。开发者具备一定程度的跨学科知识，可从中获益。随着你继续使用虚幻引擎 4 作为开发工具并提升自己的开发能力，重要的是不断地将自己的知识扩展到现在还不熟悉的游戏开发方面。尽管本书着重于使用可视化脚本来构建游戏机制和功能，将技术领域扩展到建模、动画和设计将使你成为一个更通用的开发人员，并提高你的独立游戏的质量。

8.3.3 学习资源

有很多资源可以继续拓宽你的技能。在进行虚幻引擎开发时，建议读者定期参考官方文档，以查看引擎功能的最新说明。当你试图实现一个新的功能，或需要弄清楚你已经学习的功能中的一个特定选项，应该先查看官方文档。

虚幻引擎的问答页面允许你浏览其他使用虚幻引擎的开发者提供的问题和答案。对于你在制作游戏时所面临的大多数开发难题，其他的开发人员很可能也面临着同样的问题。如果在一个特别困难的问题上，在官方文档没有合理说明和解释的情况下，你应该先在虚幻引擎的问答页面寻求答案，看看别人是否已经克服了这个难题。如果没有人问过这个问题，你应该自己发帖提问。有时，你会收到一些不同方式的建议来处理你的问题，使得你的问题不那么复杂且更易于管理。

虚幻引擎社区论坛也可供你使用，并且应该参考其他使用虚幻引擎的开发者的有用建议。你可以问论坛中列出的问题，查看其他人的项目和代码示例，或者更新你正在进行的工作的状态，并从社区获取有关你的游戏的反馈。

当你使用上述任何资源提出问题时，请记住先搜索并检查该问题是否已被回答。大多数时候，你会发现已经有人遇到过同样的问题并得到了解答。这样，可以确保你提出的问题能对社区有所帮助。提问时应确保在问题中包括你要完成的内容和你已经尝试过的方法的详细信息。这将为解决问题提供必要的详细信息，从而最大限度地提高其他人成功帮助你的机会。

8.4 小结

在本章中，我们讨论了如何在多个平台上打包游戏。还讨论了如何从用户那里获得有关游戏的反馈，如何访问其他资源以了解有关使用虚幻引擎 4 进行游戏开发的更多信息。

感谢你的阅读，希望你们享受跟随书中的例子来学习蓝图可视化编程的过程。记住，这只是你游戏开发旅程的开始。在未来的游戏开发中，祝你好运！

欢迎来到异步社区！

异步社区的来历

异步社区（www.epubit.com.cn）是人民邮电出版社旗下 IT 专业图书旗舰社区，于 2015 年 8 月上线运营。

异步社区依托于人民邮电出版社 20 余年的 IT 专业优质出版资源和编辑策划团队，打造传统出版与电子出版和自出版结合、纸质书与电子书结合、传统印刷与 POD 按需印刷结合的出版平台，提供最新技术资讯，为作者和读者打造交流互动的平台。

社区里都有什么？

购买图书

我们出版的图书涵盖主流 IT 技术，在编程语言、Web 技术、数据科学等领域有众多经典畅销图书。社区现已上线图书 1000 余种，电子书 400 多种，部分新书实现纸书、电子书同步出版。我们还会定期发布新书书讯。

下载资源

社区内提供随书附赠的资源，如书中的案例或程序源代码。

另外，社区还提供了大量的免费电子书，只要注册成为社区用户就可以免费下载。

与作译者互动

很多图书的作译者已经入驻社区，您可以关注他们，咨询技术问题；可以阅读不断更新的技术文章，听作译者和编辑畅聊好书背后有趣的故事；还可以参与社区的作者访谈栏目，向您关注的作者提出采访题目。

灵活优惠的购书

您可以方便地下单购买纸质图书或电子图书，纸质图书直接从人民邮电出版社书库发货，电子书提供多种阅读格式。

对于重磅新书，社区提供预售和新书首发服务，用户可以第一时间买到心仪的新书。

用户账户中的积分可以用于购书优惠。100 积分 =1 元，购买图书时，在 0 使用积分 里填入可使用的积分数值，即可扣减相应金额。